**Ben Stacy Jerrik (Hrsg.)**

# **Berg (Bas-Rhin)**

Ben Stacy Jerrik (Hrsg.)

# Berg (Bas-Rhin)

## Frankreich, Gemeinde, Communauté de communes d'Alsace Bossue, Krummes Elsass

Part Press

**Imprint**



Publisher:
Part Press is a trademark of
International Book Market Service Ltd., 17 Rue Meldrum, Beau Bassin, 1713-01 Mauritius
Email: info@bookmarketservice.com
Website: www.bookmarketservice.com

Published in 2012

Printed in: U.S.A., U.K., Germany. This book was not produced in Mauritius.

**ISBN: 978-613-8-61347-3**

# Contents

## Articles



## References

# Berg_(Bas-Rhin)

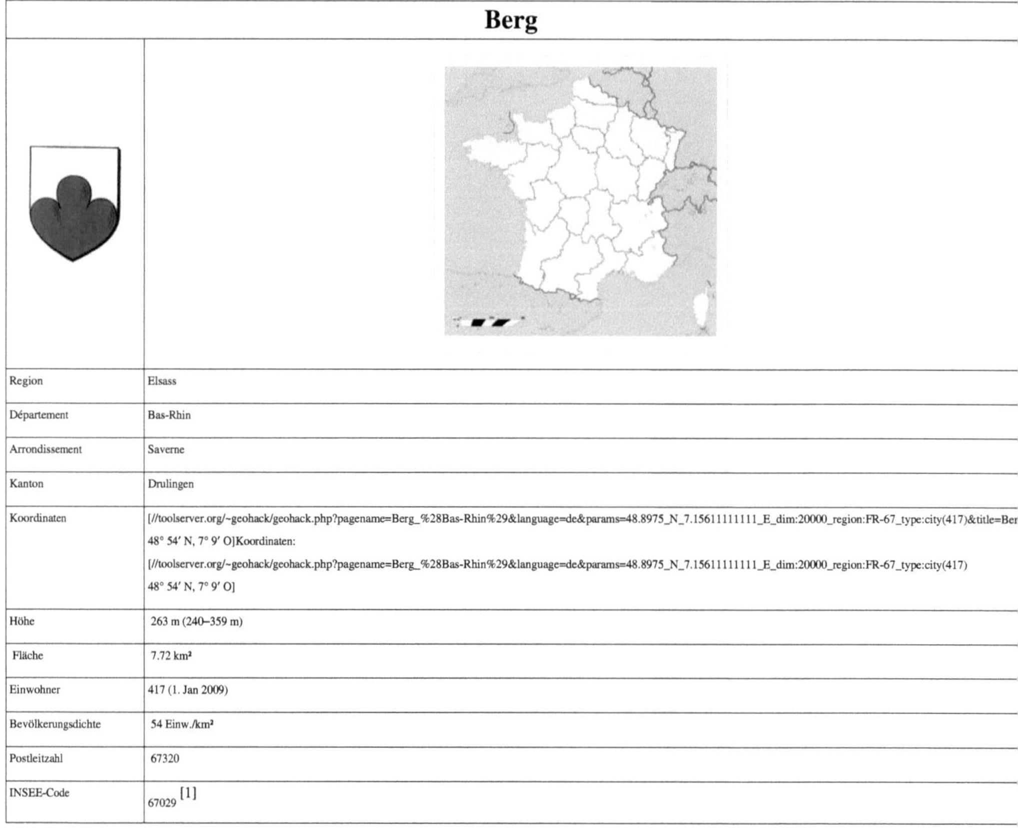

| Berg | |
|---|---|
| | |
| Region | Elsass |
| Département | Bas-Rhin |
| Arrondissement | Saverne |
| Kanton | Drulingen |
| Koordinaten | [//toolserver.org/~geohack/geohack.php?pagename=Berg_%28Bas-Rhin%29&language=de¶ms=48.8975_N_7.15611111111_E_dim:20000_region:FR-67_type:city(417)&title=Ber 48° 54′ N, 7° 9′ O]Koordinaten: [//toolserver.org/~geohack/geohack.php?pagename=Berg_%28Bas-Rhin%29&language=de¶ms=48.8975_N_7.15611111111_E_dim:20000_region:FR-67_type:city(417) 48° 54′ N, 7° 9′ O] |
| Höhe | 263 m (240–359 m) |
| Fläche | 7.72 km² |
| Einwohner | 417 (1. Jan 2009) |
| Bevölkerungsdichte | 54 Einw./km² |
| Postleitzahl | 67320 |
| INSEE-Code | 67029 [1] |

**Berg** ist eine französische Gemeinde im elsässischen Département Bas-Rhin. Sie gehört zum Arrondissement Saverne, zum Kanton Drulingen und zum 1995 gegründeten Gemeindeverband Alsace Bossue.

## Geografie

Die Landschaft ist hügelig, Obstgärten prägen das Ortsbild.

Genauso wie die benachbarte Ortschaft Thal liegt Berg nicht auf der Höhe, sondern in einer Talniederung. Ursprünglich lag das Dorf allerdings auf der Höhe. Die alte Kirche auf dem Kirchberg mit seiner weithin sichtbaren Kirche, dem Wahrzeichen des Krummen Elsass, kennzeichnet die ursprüngliche Lage.[2]

## Wirtschaft und Infrastruktur

Ein wichtiger Erwerbszweig ist die Landwirtschaft, die sich auf die Produktion von Obst und Getränken, darunter auch der Apfelsaft, konzentriert. In Berg gibt es auch Weinberge, auf denen der Tresterwein gekeltert wird.

Kirche auf dem Kirchberg, Wahrzeichen des Krummen Elsass

## Bevölkerungsentwicklung

| Jahr | 1962 | 1968 | 1975 | 1982 | 1990 | 1999 | 2007 |
|---|---|---|---|---|---|---|---|
| Einwohner | 369 | 411 | 410 | 436 | 428 | 405 | 404 |

## Einzelnachweise

[1] http://recensement.insee.fr/searchResults.action?codeZone=67029-COM

[2] Walter Hotz: *Handbuch der Kunstdenkmäler im Elsass und in Lothringen*, Wissenschaftliche Buchgesellschaft, Darmstadt 1976, S. 16

## Weblinks

- Berg auf cc-alsace-bossue.net (http://www.cc-alsace-bossue.net/html/index.php?page=2&menu1=17&menu2=1&menu3=6&page_id=725) (französisch)

# Frankreich

**République française**
Französische Republik

| Flagge | Wappen |
|---|---|

| | |
|---|---|
| **Wahlspruch**: *Liberté, Egalité, Fraternité* (Französisch für *„Freiheit, Gleichheit, Brüderlichkeit"*) | |
| **Amtssprache** | Französisch |
| **Hauptstadt** | Paris |
| **Staatsform** | semipräsidiale Republik |
| **Regierungsform** | parlamentarische Demokratie |
| **Staatsoberhaupt** | Staatspräsident Nicolas Sarkozy |
| **Regierungschef** | Premierminister François Fillon |
| **Fläche** | 674.843 km²<br>Metropolitan-Fr.: 547.026[1] km² |
| **Einwohnerzahl** | 65.447.374[2] (Januar 2010)<br>Metropolitan-Fr.: 62.793.432[3] |
| **Bevölkerungsdichte** | 97 Einwohner pro km²<br>Metropolitan-Fr.: 115 Einwohner pro km² |
| **Bruttoinlandsprodukt**<br>• Total (PPP)<br>• Total (Nominal)<br>• BIP/Einw. (PPP)<br>• BIP/Einw. (Nominal) | 2008<br>• $ 2.130 Milliarden (8.)<br>• $ 2.865 Milliarden (5.)<br>• $ 34.208 (24.)<br>• $ 46.016 (16.) |
| **Human Development Index** | 0.872 (14.)[4] |
| **Währung** | Euro (€) 1 Euro = 100 Cent,<br>in den pazifischen Überseegebieten<br>CFP-Franc |
| **Nationalhymne** | *Marseillaise* |
| **Nationalfeiertag** | 14. Juli |
| **Zeitzone** | UTC+1 |
| **Kfz-Kennzeichen** | F |

| | |
|---|---|
| **Internet-TLD** | Metropolitan-Fr.: .fr<br>Überseegebiete: .bl, .gf, .gp, .mf, .mq, .nc, .pf, .pm, .re, .tf, .wf, .yt |
| **Telefonvorwahl** | Metropolitan-Fr.: +33<br>Überseegebiete: +262, +508, +590, +594, +596, +681, +687, +689 |
|  | |
|  | |

Offizielles Logo der Französischen Republik
(Abbildung: Marianne, Nationalfigur Frankreichs)

**Frankreich** (amtlich **République française**, deutsch *Französische Republik*; Kurzform frz.: *France* [fʀɑ̃s]) ist ein demokratischer, zentralistischer Einheitsstaat, dessen Gebiet sich größtenteils im Westen Europas befindet. Innerhalb von Europa grenzt es an Belgien, Luxemburg, Deutschland, die Schweiz, Italien, Monaco, Spanien, Andorra, an die Nordsee, an den Atlantik mit dem Ärmelkanal und an das Mittelmeer. Neben dem Territorium in Europa gehören zu Frankreich Überseegebiete in der Karibik (u. a. Saint-Martin, das eine Landgrenze mit dem niederländischen Sint Maarten aufweist), Südamerika (Französisch-Guayana, das Landgrenzen zu Brasilien und Suriname hat), vor der Küste Nordamerikas, im Indischen Ozean und in Ozeanien. Ferner beansprucht Frankreich einen Teil der Antarktis. Frankreich ist ein Mitglied der Europäischen Union.

## Geographie

Topographische Karte

Insgesamt hat das „französische Mutterland" in Europa, das aufgrund seiner Form auch als *l'Hexagone* (Sechseck) bezeichnet wird, eine Fläche von 547.026 km². Frankreich hat abgesehen vom Mittelmeer auch Meeresküsten im Norden und Westen, das Landschaftsbild prägen überwiegend Ebenen oder sanfte Hügel. In der Südosthälfte ist das Land gebirgig, Hauptgebirge sind die Pyrenäen, das Zentralmassiv, die Alpen sowie die Vogesen im Osten. Der höchste Berg Frankreichs und der Alpen ist der Mont Blanc (4810 Meter).

### Städte

Die mit Abstand wichtigste und größte Stadt in Frankreich ist die Hauptstadt Paris mit gut zehn Millionen Einwohnern in der Agglomeration (Region Île-de-France). Die Großräume um Marseille und Lyon haben ebenfalls deutlich mehr als eine Million Einwohner.

Am 1. Januar 2006 waren die größten Städte des Landes nach den Erhebungen des rollierenden Zensus, einer Erhebung mit rotierenden Stichproben (in der rechten Spalte der Großraum):

| Platz | Name | Stadt (Ew.) | Großraum (Ew.) |
|---|---|---|---|
| 1. | Paris | 2.181.371 | 11.442.977 |
| 2. | Marseille | 839.043 | 1.418.481 |
| 3. | Lyon | 472.305 | 1.417.463 |
| 4. | Toulouse | 437.715 | 850.873 |
| 5. | Nizza *(frz. Nice)* | 347.060 | 940.017 |
| 6. | Nantes | 282.853 | 568.743 |
| 7. | Straßburg *(frz. Strasbourg)* | 272.975 | 638.370 |
| 8. | Montpellier | 251.634 | |
| 9. | Bordeaux | 232.260 | 803.117 |
| 10. | Lille | 226.014 | 1.016.205 |

### Naturschutz

Frankreich unterhält Naturschutzgebiete verschiedener Kategorien im europäischen Kernland und in den Übersee-Départements. Es sind dies derzeit:

- neun Nationalparks mit einer Fläche von etwa 4,5 Millionen Hektar
- 45 Regionale Naturparks mit einer Fläche von mehr als 7 Millionen Hektar sowie
- eine Vielzahl von Schutzzonen, wie
  - Naturreservate (Réserve Naturelle),
  - Natura 2000 – Gebiete der EU,
  - Biosphärenreservate der UNESCO.

## Bevölkerung

### Bevölkerungsentwicklung

Die Bevölkerung Frankreichs wurde für 1750 auf etwa 25 Millionen geschätzt. Damit war es mit Abstand das bevölkerungsreichste Land Westeuropas. Bis 1850 stieg die Einwohnerzahl weiter bis auf 37 Millionen, danach trat eine im seinerzeitigen Europa einzigartige Stagnation des Wachstums ein.[5] Als Ursache hierfür werden der relative Wohlstand und die fortgeschrittene Zivilisation Frankreichs angesehen. Empfängisverhütendes Sexualverhalten wurde praktiziert und war verbreiteter als in anderen Ländern, zugleich war der Einfluss der katholischen Kirche bereits geschwächt. So wuchs die Einwohnerzahl in knapp 100 Jahren nur um drei Millionen: 1940 zählte Frankreich, trotz starker Zuwanderung nach 1918, nur etwa 40 Millionen Einwohner. Diese Bevölkerungsstagnation wird als eine der Ursachen dafür angesehen, dass sich Frankreich während der beiden Weltkriege gegen den dynamischeren Nachbarn Deutschland nur mit großer Mühe behaupten konnte. Noch dazu hatte Frankreichs Armee bereits in den Jahren 1914/18 die relativ höchsten Verluste aller kriegführenden Nationen erlitten. Nach dem Zweiten Weltkrieg war dann nach langer Zeit wieder ein Geburtenzuwachs und Bevölkerungsanstieg zu verzeichnen, der zum Teil auch verursacht war durch verstärkte Zuwanderung vor allem aus dem Bereich der früheren französischen Kolonien. Für das Jahr 1990 wurden 56,6 Millionen Einwohner ermittelt, für den 1. Januar 2010 wurde die Bevölkerung einschließlich der Menschen in den Überseegebieten auf 64,7 Millionen geschätzt.[2] Davon entfielen 62,8 Millionen auf die Métropole.[3]

Am 18. Januar 2011 gab das nationale statistische Amt bekannt, dass zum 1. Januar 2011 insgesamt 65.027.000 Menschen in Frankreich lebten. Damit hat das Land erstmals die 65-Millionen-Marke überschritten.[6]

Nach Deutschland nimmt Frankreich in der EU den zweiten Platz bei der Bevölkerungszahl ein; weltweit liegt es auf Platz 20. Innerhalb der EU hat Frankreich einen Bevölkerungsanteil von 13 %.[7]

Die Bevölkerung wuchs im Jahr 2009 um 346.000 Personen oder 0,5 Prozent. Das Wachstum verlangsamte sich leicht gegenüber den Vorjahren (2006: 0,6 %, 2007 und 2008: 0,6 %). Die Geburtenbilanz des Jahres 2009 war positiv: es wurden 275.000 Menschen mehr geboren als starben; die Wanderungsbilanz ist ebenfalls positiv: es wanderten 71.000 Menschen mehr zu als aus.[7] Die französische Bevölkerung wird im Durchschnitt älter: Der Anteil der Unter-20-Jährigen ist zwischen 2000 und 2010 von 25,8 % auf 24,7 % gesunken, gleichzeitig nahm der Anteil der Menschen über 65 von 15,8 % auf 16,6 % zu.[7]

2009 wurden 256.000 Ehen geschlossen, nachdem es zehn Jahre zuvor noch mehr als 294.000 waren. Dafür wählten mehr Franzosen den Zivilen Solidaritätspakt als Form des Zusammenlebens. Diese *Pacs* genannte Partnerschaft wurde 1999 eingeführt; 2009 wurden 175.000 Pacs geschlossen.[7] Das Durchschnittsalter der ersten Ehe lag 2008 für Männer bei 31,6 Jahren und für Frauen bei 29,7 Jahren. Es stieg seit 1999 um fast zwei Jahre.[7] Die Fruchtbarkeitsrate in Frankreich liegt mit 2,0 Kindern pro Frau (2008) europaweit an dritter Stelle nach Irland und Island;[8] sie ist jedoch von drei Kindern pro Frau in den 1960er Jahren gesunken.[9] Die Kindersterblichkeit 2009 betrug 3,8 ‰ nach 4,4 ‰ im Jahr 1999.[7]

Die Lebenserwartung, die um 1750 bei knapp 30 Jahren gelegen war, betrug 1987 72 Jahre für Männer und 80 Jahre für Frauen[10]. Bis 2008 stieg sie auf 84 Jahre für Frauen und 78 Jahre für Männer.[7]

## Migration

Aufgrund des langsamen Bevölkerungswachstums kannte Frankreich bereits in der Mitte des 19. Jahrhunderts das Problem des Arbeitskräftemangels. Seit Beginn der Industrialisierung kamen deshalb Gastarbeiter aus den Nachbarländern (Italiener, Polen, Deutsche, Spanier, Belgier) nach Frankreich, etwa in den Großraum Paris oder in die Bergbaureviere und Montangebiete von Nord-Pas-de-Calais und Lothringen. Ab 1880 lebten und arbeiteten somit etwa 1 Million Ausländer in Frankreich; sie stellten 7 bis 8 Prozent der Erwerbstätigen.[11] Das Phänomen einer Massenauswanderung, das gleichzeitig in Deutschland herrschte, kannte Frankreich nicht. Während des Ersten Weltkrieges waren etwa 3 % der Bevölkerung Frankreichs Ausländer, es kam zu ersten ausländerfeindlichen Tendenzen.[11] Bis 1931 wuchs der Ausländeranteil auf 6,6 %; Frankreich behielt bis 1974 eine sehr liberale Einwanderungspolitik bei. Der Anteil der ausländischen Wohnbevölkerung 2006 betrug 5,8 %, dazu kommen 4,3 % *Français par acquisition*, also Menschen, die im Ausland geboren sind und die französische Staatsbürgerschaft bekommen haben.[12]

Starke Verschiebungen hat es bei den Herkunftsländern der Ausländer in Frankreich gegeben. Europäer, vor allem Italiener und Polen, machten 1931 mehr als 90 % der ausländischen Bevölkerung aus.[11] Dieser Anteil lag in den 1970er Jahren nur noch bei etwa 60 %, den stärksten Anteil stellten nun die Portugiesen.[11] Heute sind die meisten Ausländer in Frankreich nordafrikanischen Ursprunges (Algerier, Marokkaner, Tunesier), gefolgt von Südeuropäern (Portugiesen, Italiener, Spanier).[13] In den letzten Jahren kommt ein Großteil der Einwanderer aus den ehemaligen französischen Kolonien in Subsahara-Afrika und in der Karibik. Die höchste Konzentration von ausländischer Bevölkerung findet sich im Südosten Frankreichs sowie im Großraum Paris.[13]

## Bildungswesen

Die Verfassung der Fünften Französischen Republik definiert, dass der Zugang zu Bildung, Ausbildung und Kultur für alle Bürger gleich zu sein hat und dass das Unterhalten eines unentgeltlichen und laizistischen öffentlichen Schulwesens Aufgabe des Staates ist. Demnach ist das Bildungssystem Frankreichs zentralistisch organisiert, die verschiedenen Gebietskörperschaften müssen jedoch die Infrastruktur bereitstellen. Es koexistieren private und öffentliche Einrichtungen, wobei die größtenteils katholischen Privatschulen in der Vergangenheit mehrmals Gegenstand intensiver politischer Auseinandersetzung waren. Im Gegensatz zu den Schulsystemen der deutschsprachigen Länder liegt in Frankreich mehr Schwerpunkt auf Auslese und Bildung von Eliten, bzw. Ausbildung über Bildung. Seit 1967 herrscht Schulpflicht bis zum 16. Lebensjahr.[14]

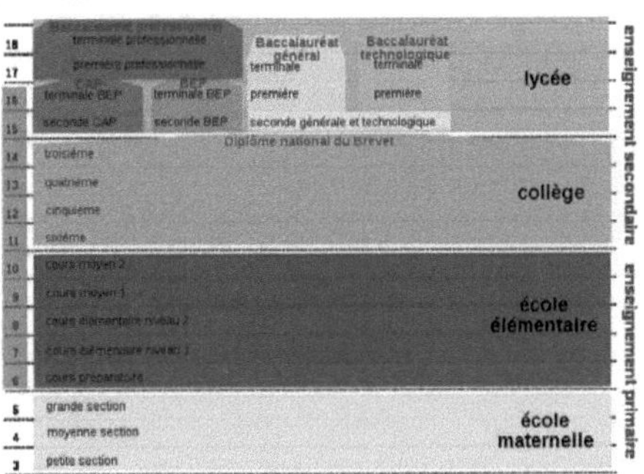

Schulsystem in Frankreich

Der Kindergarten heißt in Frankreich *École maternelle* und bietet Vorschulerziehung für Kinder ab zwei Jahren an. Er wird von einem hohen Prozentsatz der Kinder besucht. Die Betreuer in den *maternelles* haben eine Lehrerausbildung. Die *École élémentaire* ist die Grundschule und dauert fünf Jahre, nach deren Abschluss die Kinder das *Collège* besuchen, welches einheitlich ist, vier Jahre dauert und welches man mit dem *Brevet des collèges* abschließt.

Hiernach hat der Jugendliche mehrere Möglichkeiten. Er kann in eine berufsbildende Schule eintreten, die er mit dem *Certificat d'aptitude professionelle* abschließt; ein duales Ausbildungssystem wie in Deutschland ist aber sehr wenig verbreitet. Das *Lycée* entspricht in etwa dem Gymnasium. Es führt nach 12 Schuljahren zum *baccalauréat*, man unterscheidet mehrere Schulzweige wie naturwissenschaftlich, wirtschaftlich oder literarisch. Wer ein *lycée professionnel* oder ein *Centre de formation d'apprentis* besucht, kann dies nach 13 Schuljahren mit einem *baccalauréat professionnel* abschließen.

Die akademische Bildung wird von der Koexistenz der *Grandes écoles* und der Universitäten geprägt. Die Grandes écoles haben gegenüber den Universitäten Frankreichs eine höhere Reputation, haben niedrige Studentenzahlen und hohe persönliche Betreuung. Man kann sie meist erst nach dem Besuch der *classe préparatoire* besuchen, die in der Regel von *Lycées* angeboten wird. Zu den bedeutenderen der *Grandes écoles* gehören die École Polytechnique, die École Normale Supérieure, die École nationale d'administration und die École Centrale Paris. Im Zuge der europaweiten Harmonisierung der Studienabschlüsse im Rahmen des Bologna-Prozess wird auch an französischen Hochschulen das *LMD-System* eingeführt. LMD bedeutet, dass nacheinander die *Licence* bzw. *Bachelor* (nach 3 Jahren), der *Master* (nach 5 Jahren) und das Doktorat (nach 8 Jahren) erworben werden können. Die traditionellen nationalen Diplome (DEUG, *Licence*, *Maîtrise,* DEA und DESS) sollen im Rahmen dieses Prozesses entfallen. Ende 2009 studierten rund 2,25 Millionen Studentinnen und Studenten an französischen Hochschulen.[15]

## Sprachen

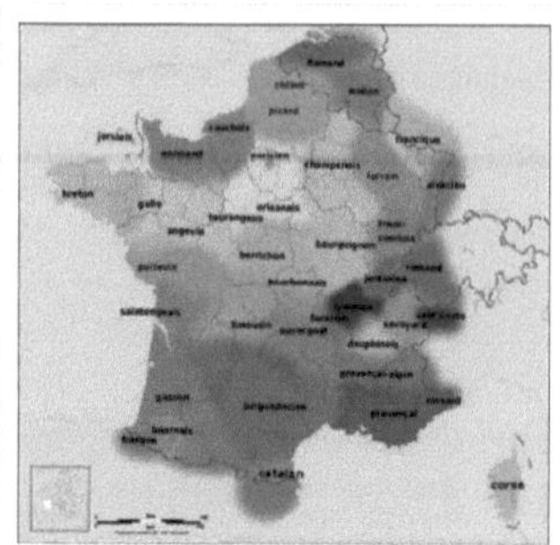
Verteilung der Regionalsprachen

Die französische Sprache entwickelte sich aus dem *francien*, das im Mittelalter in der heutigen Region Île-de-France gesprochen wurde. Es verbreitete sich in dem Maße, wie die französischen Könige ihr Herrschaftsgebiet ausdehnten. Bereits 1539 bestimmte König Franz I., dass die französische Sprache die einzige Sprache seines Königreiches sein solle. Trotzdem sprach im 18. Jahrhundert nur etwa die Hälfte der Untertanen der französischen Könige französisch.[16] Nach der Revolution wurden die Regionalsprachen aktiv bekämpft; erst im Jahre 1951 erlaubte die Loi Deixonne Unterricht in Regionalsprachen.[17] Auch heute legt Artikel 2 der Verfassung von 1958 fest, dass die französische Sprache die alleinige Amtssprache Frankreichs ist. Sie ist nicht nur die in Frankreich allgemein gesprochene Sprache, sie ist auch Trägerin der französischen Kultur in der Welt. Die in Frankreich gesprochenen Regionalsprachen drohen aufgrund interner Wanderungen und der fast ausschließlichen Verwendung der französischen Sprache in den elektronischen Medien auszusterben. Frankreich hat die Europäische Charta der Regional- oder Minderheitensprachen zwar unterschrieben, jedoch nicht ratifiziert. Der Grund dafür liegt darin, dass Teile der Charta mit der französischen Verfassung nicht vereinbar sind. Seit 2008 erwähnt die Verfassung in Artikel 75-1 die Regionalsprachen als Kulturerbe Frankreichs.[18]

Regionalsprachen, die in Frankreich gesprochen werden, sind:

- die romanischen Oïl-Sprachen in Nordfrankreich, die teilweise als französische Dialekte angesehen werden, wie Picardisch, Normannisch, Gallo, Poitevin-Saintongeais, Wallonisch und Champenois.
- das Franko-Provenzalische im französischen und (west-)schweizerischen Alpen- und Juraraum
- Okzitanisch in Südfrankreich
- Katalanisch in Département Pyrénées-Orientales
- Elsässisch und Lothringisch im Nordosten Frankreichs
- Baskisch und seine Dialekte im äußersten Südwesten
- Bretonisch im Nordwesten
- Korsisch auf Korsika
- Flämisch im Norden

Weiterhin werden in den Überseebesitzungen verschiedenste Sprachen gesprochen wie Kreolsprachen, Polynesische Sprachen oder Kanak-Sprachen in Neukaledonien.

Französisch ist Arbeitssprache bei der UNO, der OSZE, der Europäischen Kommission und der Afrikanischen Union. Um die französische Sprache vor der Vereinnahmung durch Anglizismen zu schützen, wurde 1994 die *Loi Toubon* verabschiedet. Mit dem Durchführungsdekret von 1996 wurde ein Mechanismus zur Einführung neuer Wörter festgelegt, der von der Délégation générale à la langue française et aux langues de France und der Commission générale de terminologie et de néologie gesteuert wird. Dieses Dekret verlangt, dass die französischen Wörter, die in der Amtszeitung und im Wörterbuch FranceTerme veröffentlicht werden, von öffentlichen Stellen verpflichtend zu gebrauchen sind.

Die Einwanderer verschiedener Nationen, vor allem aus Portugal, Osteuropa, dem Maghreb und dem restlichen Afrika haben ihre Sprachen mitgebracht. Im Unterschied zu den traditionellen Sprachen konzentrieren sich diese Sprechergemeinden besonders in den großen Städten, sind aber keinem genau abgrenzbarem geografischen Gebiet zuzuordnen.

## Religionen

Frankreich ist offiziell ein laizistischer Staat, das heißt, Staat und Religionsgemeinschaften sind vollkommen voneinander getrennt. Da von staatlicher Seite keine Daten über die Religionszugehörigkeit der Einwohner erhoben werden, beruhen alle Angaben über die konfessionelle Zusammensetzung der Bevölkerung auf Schätzungen oder den Angaben der Religionsgemeinschaften selbst und weichen deshalb oft erheblich voneinander ab, weshalb auch die folgenden Zahlen mit Vorsicht zu behandeln sind. In einer Umfrage von *Le Monde des religions* bezeichneten sich 51 Prozent der Franzosen als katholisch, 31 Prozent erklärten, keiner Religion anzugehören und etwa 9 Prozent gaben an, Muslime zu sein. Drei Prozent bezeichneten sich als Protestanten. Fast alle protestantischen Kirchen in Frankreich, von denen die Reformierte Kirche von Frankreich die mitgliederstärkste ist, arbeiten im Evangelischen Bund von Frankreich zusammen. Ein Prozent bezeichneten sich als Juden. Dies entspricht auf die Bevölkerungszahl hochgerechnet 32 Millionen Katholiken, 5,7 Millionen Muslimen, 1,9 Millionen Protestanten und 600.000 Juden sowie 20 Millionen Konfessionslosen. 6 Prozent machten andere oder keine Angaben.

Nur noch 58 Prozent der Franzosen glauben an einen Gott; der Anteil der jungen Menschen, die an ein Leben nach dem Tod glauben, ist aber seit 1981 von 31 Prozent auf 42 Prozent gestiegen.[19] Nach einer Studie des *PewResearch Center* bezeichnet sich nur eine Minderheit von 27 Prozent der Franzosen als „religiös" und 10 Prozent als „sehr religiös". Beides sind weltweit die niedrigsten Werte.[20]

### Christliche Konfessionen

Historisch war Frankreich lange Zeit ein katholisch dominierter Staat. Seit Ludwig XI. († 1483) trugen die französischen Könige mit Einverständnis des Papstes den Titel eines *roi très chrétien* (allerchristlichsten Königs). In der Reformationszeit blieb Frankreich immer mehrheitlich katholisch, auch wenn es starke protestantische Minderheiten (Hugenotten) gab. Diese mussten aber spätestens nach der Bartholomäusnacht 1572 die Hoffnung auf ein protestantisches Frankreich aufgeben. Als der Protestant Heinrich von Navarra Thronerbe Frankreichs wurde, trat er aus politisch-taktischen Gründen zum katholischen Glauben über ("Paris vaut bien une messe", zu Deutsch "Paris ist eine Messe wert."), garantierte aber gleichzeitig im Edikt von Nantes 1598 den Protestanten Sonderrechte und insbesondere Religionsfreiheit. Das Edikt von Nantes wurde 1685 unter Ludwig XIV. wieder aufgehoben, was trotz schwerster Strafandrohungen zu einer Massenflucht der Hugenotten ins benachbarte protestantische Ausland führte. Erst kurz vor der Französischen Revolution erhielten die Protestanten eine begrenzte Glaubensfreiheit zugestanden. Die Französische Revolution hob dann alle Beschränkungen der Glaubensfreiheit auf. Es kam in den Jahren nach der Revolution in der Ersten Französischen Republik zu einer kurzen Phase einer heftigen Kirchenfeindlichkeit, da die katholische Kirche als Vertreterin des *ancien régime* (alten Regimes) gesehen wurde. Nicht nur die Privilegien der Kirche, sondern sogar der christliche Kalender und Gottesdienst wurden abgeschafft und durch einen Revolutionskalender bzw. einen „Kult des höchsten Wesens" ersetzt. Unter Napoleon Bonaparte kam es mit dem Konkordat von 1801 aber wieder zu einem Ausgleich zwischen katholischer Kirche und Staat. Unter der bourbonischen Restauration nach 1815 gewannen die katholisch-monarchistische Ideen wieder die Oberhand: So wurden die 1823 zur Niederschlagung der liberalen Revolution in Spanien einfallenden bourbonischen Truppen als die „100.000 Söhne des heiligen Ludwig" bezeichnet, die Jesuitische Mission in Übersee wurde gefördert. In der Dritten Republik ergab sich erneut ein Konflikt zwischen Kirche und Staat, der in das am 9. Dezember 1905 verabschiedete Gesetz zur Trennung von Kirche und Staat mündete, in dem die strikte Trennung von Kirche und Staat festgeschrieben wurde.[21] Dies Gesetz gilt jedoch nicht für das damals deutsche Elsaß-Lothringen. In diesen heutigen drei Départements gilt nach ihrer Angliederung an Frankreich nach dem Ersten Weltkrieg nach wie vor die Regelung von 1801. Dies führt dazu, dass die dortigen Priester vom französischen Staat bezahlt werden und es kirchliche Feiertage wie im deutschsprachigen Raum gibt.

### Judentum und Islam

Die jüdische Gemeinschaft in Frankreich hat eine wechselhafte Geschichte. Seit der Römerzeit lebten Juden in Frankreich. Sie wurden jedoch in zwei Wellen 1306 unter Philipp IV. und 1394 unter Karl VI. vollständig des Landes verwiesen. Über viele Jahrhunderte gab es danach kaum ein jüdisches Leben in Frankreich. Einzige Ausnahme blieben die im 18. und 19. Jahrhundert erworbenen Gebiete im Osten des Landes, insbesondere das Elsass, das lange einen Sonderstatus besaß. Die Französische Revolution gewährte schließlich den Juden die bürgerliche Gleichberechtigung. Frankreich blieb aber bis Anfang des 20. Jahrhunderts ein Land mit vergleichsweise geringer jüdischer Bevölkerung. Nach dem Ersten, aber vor allem nach dem Zweiten Weltkrieg setzte eine starke Zuwanderung aus den ehemaligen Kolonien in Nordafrika sowie aus Osteuropa ein, so dass Frankreich heute das Land Europas mit der größten jüdischen Bevölkerungsgruppe darstellt.

Ebenfalls seit Ende des Zweiten Weltkrieges ist eine starke Zunahme des Anteils an Muslimen zu verzeichnen, die auf Zuwanderung aus den ehemaligen Kolonien zurückgeht.

# Geschichte

## Urgeschichte bis Frühmittelalter

Es wird geschätzt, dass das heutige Frankreich vor etwa 480.000 Jahren besiedelt wurde. Aus der Altsteinzeit sind in der Höhle von Lascaux bedeutende Felsmalereien erhalten geblieben. Ab 600 v. Chr. gründeten phönizische und griechische Händler Stützpunkte an der Mittelmeerküste, während Kelten vom Nordwesten her das Land besiedeln, das später von den Römern als Gallien bezeichnet wurde. Die keltischen Gallier mit ihrer druidischen Religion werden heute häufig als Vorfahren der Franzosen gesehen, und Vercingetorix häufig zum ersten Nationalhelden Frankreichs verklärt, wenngleich kaum gallische Elemente in der französischen Kultur verblieben sind.

Karte von Gallien zur Zeit Caesars (58 v. Chr.)

Zwischen 58 und 51 v. Chr. eroberte Caesar in den Gallischen Kriegen die Region; es wurden die römischen Provinzen Gallia, Gallia Narbonensis, Gallia Belgica und Aquitanien eingerichtet. In einer Periode von Prosperität und Frieden übernahmen diese Provinzen römische Fortschritte in Technik, Landwirtschaft und Rechtsprechung; große, elegante Städte entstanden. Ab dem 5. Jahrhundert wanderten vermehrt germanische Völker nach Gallien ein, diese gründeten nach dem Zerfall des römischen Reiches 476 eigene Reiche. Nach einer vorübergehenden Dominanz der Westgoten gründeten die Franken unter Chlodwig I. das Reich der Merowinger. Sie übernehmen zahlreiche römische Werte und Einrichtungen, u. a. den Katholizismus (496). Im Jahre 732 gelang es ihnen, in der Schlacht von Tours und Poitiers der Islamischen Expansion Einhalt zu gebieten. Die Karolinger folgen den Merowingern nach, Karl der Große wurde 800 zum Kaiser gekrönt, 843 wurde das Frankenreich mit dem Vertrag von Verdun unter seinen Enkeln aufgeteilt; dessen westlicher Teil entsprach in etwa dem heutigen Frankreich.

## Mittelalter

Das französische Mittelalter war geprägt durch den Aufstieg des Königtums im stetigen Kampfe gegen die Unabhängigkeit des Hochadels und die weltliche Gewalt der Klöster und Ordensgemeinschaften. Die Kapetinger setzten, ausgehend von der heutigen Île-de-France, die Idee von einem Einheitsstaat durch, die Teilnahme an verschiedenen Kreuzzügen untermauerten dies. Die Normannen fielen wiederholt in der Normandie ein, die daher ihren Namen bekam; im Jahre 1066 eroberten sie England. Unter Ludwig VII. beginnt eine lange Serie von kriegerischen Auseinandersetzungen mit England, nachdem Ludwigs geschiedene Frau Eleonore von Poitou und Aquitanien 1152 Heinrich Plantagenet heiratet und damit etwa die Hälfte des französischen Staatsgebiets an England fällt. Philipp II. August kann England zusammen mit den Staufern bis 1299 weitgehend aus Frankreich verdrängen; der englische König Heinrich III. (England) muss zudem Ludwig IX. als Lehnsherrn anerkennen. Ab 1226 wird Frankreich zu einer Erbmonarchie; im Jahre 1250 ist Ludwig IX. der mächtigste Herrscher des Abendlandes.

Nach dem Tod des letzten Kapetingers wird 1328 Philipp von Valois zum neuen König gewählt, er begründet die Valois-Dynastie. Die Bevölkerung Frankreichs wird für diese Zeit auf 15 Millionen geschätzt, und das Land verfügt mit der Scholastik, der gotischen und romanischen Architektur über bedeutende kulturelle Errungenschaften. Thronansprüche, die Eduard III. Plantagenet, König von England und Herzog von Aquitanien, erhebt, führen 1339 zum Hundertjährigen Krieg. Nach großen Anfangserfolgen Englands, das den gesamten Nordwesten Frankreichs erobert, kann Frankreich die Invasoren zunächst zurückdrängen. Eine Rebellion des Burgunds und die Ermordung des Königs führen dazu, dass England sogar Paris und Aquitanien besetzen kann, erst der von Jeanne d'Arc entfachte nationale Widerstand führte zur Rückeroberung der verlorenen Gebiete (mit Ausnahme von Calais) bis 1453. Zusätzlich zum Hundertjährigen Krieg rafft die Pest von 1348 etwa ein Drittel der Bevölkerung dahin.

Jeanne d'Arc. Anonyme Miniaturmalerei, zweite Hälfte des 15. Jahrhunderts

## Frühe Neuzeit

Mit der Eingliederung Burgunds und der Bretagne in den französischen Staat befand sich das Königtum auf einem vorläufigen Höhepunkt seiner Macht, wurde jedoch während der Renaissance in dieser Position durch Habsburg, dessen Kaiser Karl V. ein Reich beherrschte, dessen Staaten sich rund um Frankreich gruppierten, bedroht. Ab 1540 breitet sich durch das Wirken von Johannes Calvin der Protestantismus nach Frankreich aus. Die französischen Calvinisten, die als Hugenotten bezeichnet wurden, wurden in ihrer Glaubensausübung stark unterdrückt, die Hugenottenkriege und speziell die Bartholomäusnacht im Jahre 1572 führten zur Auswanderung von Hunderttausenden Hugenotten. Erst der erste Herrscher aus dem Hause Bourbon, Heinrich von Navarra, gewährte den Hugenotten im Edikt von Nantes 1598 Religionsfreiheit.

Die Renaissance-Zeit wird auch von einer stärkeren Zentralisierung geprägt, während welcher der König von der Kirche und dem Adel unabhängig wurde. Es gelang den leitenden Ministern und Kardinälen Richelieu und Jules Mazarin, einen absolutistischen Staat zu errichten. Auf Betreiben Richelieus griff 1635 Frankreich aktiv in den Dreißigjährigen Krieg in Mitteleuropa ein; im Zusammenhang damit kam es zum Krieg gegen Spanien. Im Westfälischen Frieden von 1648 erhielt Frankreich Gebiete im Elsass zugesprochen; das Heilige Römische Reich und Spanien wurden geschwächt, es begann das Zeitalter der französischen Dominanz in Europa, in welcher sich alle Herrscher Europas am Vorbild der französischen Kultur orientierten und in welcher das Französische zur dominierenden Bildungssprache wurde. Die teuren Kriege und die Adelsopposition führten jedoch zum Staatsbankrott und zum Aufstand der Fronde. Mit dem Edikt von Fontainebleau 1685 wurde die Religionsfreiheit der Hugenotten wieder aufgehoben. Trotz schwerer Strafandrohungen flohen abermals Hunderttausende Hugenotten. Unter Ludwig XIV., dem so genannten *Sonnenkönig*, der 1643 als Vierjähriger inthronisiert wurde und bis 1715 herrschte, erreichte der Absolutismus seinen Höhepunkt, auf dem unter anderem das Schloss Versailles errichtet wurde.

## Zeitalter der Revolutionen

Der Sturm auf die Bastille am 14. Juli 1789

Die Kriege, die die absolutistischen Könige führten (etwa Devolutionskrieg, Holländischer Krieg, Pfälzischer Erbfolgekrieg, Spanischer Erbfolgekrieg, Siebenjähriger Krieg, Teilnahme am Amerikanischen Unabhängigkeitskrieg), ihre teure Hofhaltung und Missernten, lösten eine große Finanzkrise aus, die König Ludwig XVI. dazu zwang, die Generalstände einzuberufen, was zur Konstituierung der Nationalversammlung führte, die eine Verfassung ausarbeitete und die Macht des Königs beschränkte und so das *Ancien Régime* beendete. Die sich weiter verschlechternden Lebensbedingungen des Volkes führten 1789 zur Französischen Revolution, nach der die erstmalige Erklärung der Menschen- und Bürgerrechte stattfand, die Kirche enteignet, und sogar ein neuer Kalender eingeführt wurde, und nach der 1791 eine Verfassung mit Frankreich als einer konstitutionellen Monarchie verabschiedet wurde. Nach der versuchten Flucht des Königs wurde dieser verhaftet und 1793 hingerichtet, die Erste Republik wurde verkündet. Die erste Erfahrung mit republikanischer Herrschaft, die auf dem Gleichheitsprinzip beruhte, endete jedoch im Chaos und der Terrorherrschaft unter Robespierre.

Kaiser Napoleon III. wird König Wilhelm von Preußen übergeben

Napoléon Bonaparte ergriff in dieser Situation 1799 mit einem Staatsstreich die Macht als Erster Konsul; 1804 ließ er sich zum Kaiser krönen. In den folgenden Koalitionskriegen brachte er fast ganz Europa unter seine Kontrolle. Sein Russlandfeldzug 1812 wurde jedoch ein Misserfolg, die Völkerschlacht bei Leipzig 1813 besiegelte die Niederlage der französischen Truppen. Während des Exils in Elba regierte mit Ludwig XVIII. wieder ein Bourbone, Napoléon kam 1815 zurück und regierte weitere 100 Tage. Nach der Niederlage in der Schlacht bei Waterloo wurde er endgültig verbannt. Die Restauration brachte wieder die Bourbonen auf den Thron, die daran gingen, das verlorene Kolonialreich wieder aufzubauen. In Frankreich herrschte gleichzeitig die Industrielle Revolution, und eine Arbeiterklasse bildete sich langsam heraus. Die Julirevolution von 1830 stürzte den despotisch regierenden Karl X. und wurde durch den *Bürgerkönig* Louis-Philippe ersetzt. Eine erneute bürgerliche Revolution brachte Frankreich jedoch 1848 die Zweite Republik.

Zum Präsidenten der Zweiten Republik wurde Louis Napoléon Bonaparte gewählt, der sich bereits 1852 zum Kaiser krönen ließ. Unter seiner Herrschaft wurde Opposition gewaltsam unterdrückt, außenpolitisch gelangen jedoch Unternehmen wie der Erwerb von Nizza und Savoyen, die Eingliederung von Äquatorialafrika und Indochina ins Kolonialreich und der Bau des Sueskanals. Seine Herrschaft fällt zusammen mit der Nationalstaatsbildung in Deutschland unter Führung des Norddeutschen Bundes. Der Deutsch-Französische Krieg, den Napoleon III. begann, um einen mächtigen Konkurrenten um die Hegemonie in Europa zu verhindern, endete mit einer Niederlage, Wilhelm I. ließ sich im Spiegelsaal von Versailles zum Kaiser proklamieren. Die *Pariser Kommune*, ein Aufstand, der sich gegen die Kapitulation richtete, wurde mit Gewalt und zahlreichen Todesopfern niedergeschlagen.

## Imperialismus, Kolonialismus, Erster und Zweiter Weltkrieg

Die Dritte Republik währte von 1871 bis 1940. In dieser Zeit dehnte sich das französische Kolonialreich auf eine Fläche von 7,7 Millionen km² aus. Die Industrialisierung Frankreichs führte zu einem Wirtschaftsaufschwung; 1878, 1889 und 1900 veranstaltete Paris drei Weltausstellungen.

L'AURORE

Littéraire, Artistique, Sociale

J'Accuse...!

LETTRE AU PRÉSIDENT DE LA RÉPUBLIQUE

Par ÉMILE ZOLA

*J'accuse*, Paukenschlag von Émile Zola in der Dreyfus-Affäre

Zwischen Frankreich und Großbritannien kam es zu einen Wettlauf um Afrika. Beide Länder praktizierten Imperialismus[22] . Höhepunkt des 'Wettlaufs' war die Faschoda-Krise 1898 zwischen den beiden Ländern. Großbritannien hatte sich zum Ziel gesetzt, einen Nord-Süd-Gürtel von Kolonien in Afrika zu erobern, vom Kap der Guten Hoffnung bis Kairo (Kap-Kairo-Plan). Frankreich wollte dagegen einen Ost-West-Gürtel von Dakar bis Dschibuti. Die Ansprüche beider Staaten kollidierten schließlich in dem kleinen sudanesischen Ort Faschoda. Frankreich gab letztlich kampflos nach; die beiden Länder steckten im März 1899 ihre Interessengebiete ab (Sudanvertrag). Für die III. Französische Republik war die Faschoda-Krise neben dem Panamaskandal (1889 - 1893) und der Dreyfus-Affäre die dritte große Krise innerhalb von zehn Jahren.

Die Römisch-katholische Kirche in Frankreich praktizierte jahrzehntelang eine antimodernistischen Haltung; unter anderem deshalb wurde Frankreich - auch im Zuge der Dreyfus-Affäre (1894 - 1905) - zu einem ausgeprägt laizistischen Staat (Gesetz zur Trennung von Religion und Staat (Dezember 1905).

1904 schloss Frankreich mit dem Vereinigten Königreich die Entente cordiale und trat in den Ersten Weltkrieg mit dem Ziel ein, Elsass-Lothringen zurückzugewinnen und Deutschland entscheidend zu schwächen. Nach dem Krieg war Frankreich zwar auf der Siegerseite, Nordfrankreich war jedoch weitgehend verwüstet und zu den 1,5 Millionen gefallenen Soldaten kamen 166.000 Opfer der Spanischen Grippe 1918/19.

Die Zwischenkriegszeit war in Frankreich vor allem von politischer Instabilität gekennzeichnet. Im Friedensvertrag von Versailles wurde Deutschland 1919 verpflichtet, hohe Reparationen an die Siegermächte zu leisten. Vor allem der französische Ministerpräsident und Außenminister Poincaré bestand auf einer kompromisslosen und pünktlichen Erfüllung der Leistungen. Französisches Militär nahm Verzögerungen der Lieferungen mehrfach zum Anlass, in unbesetztes Gebiet einzurücken. Zum Beispiel besetzten am 8. März 1921 französische und belgische Truppen die Städte Duisburg und Düsseldorf in der Entmilitarisierten Zone. Wegen der immer größeren wirtschaftlichen Probleme des Deutschen Reiches verzichteten die Alliierten 1922 auf Reparationszahlungen in Form von Geld und forderten statt dessen Sachleistungen (Stahl, Holz, Kohle) ein. Am 26. Dezember stellte die alliierte Reparationskommission einstimmig fest, dass Deutschland mit den Reparationslieferungen im Rückstand war. Als am 9. Januar 1923 die Reparationskommission behauptete, die Weimarer Republik halte absichtlich Lieferungen zurück, nahm Frankreich dies als Anlass zum Einmarsch in das Ruhrgebiet. Poincaré strebte an, Rheinland und Ruhrgebiet eine mit dem Status des Saargebiets vergleichbare Sonderstellung zu geben, bei der die Zugehörigkeit zum Deutschen Reich nur mehr formal gewesen wäre und stattdessen Frankreich eine bestimmende Position gehabt hätte. Großbritannien und die USA betrachteten diesen fait accompli eher skeptisch. Der Ruhrkampf endete im September 1923; der überschuldete deutsche Staat konnte nur durch eine Währungsreform die Hyperinflation stoppen.

Die ab 1934 regierende *Volksfront* war vor allem auf Erhaltung des *Status quo* aus. Dementsprechend schlecht war Frankreich auf den Zweiten Weltkrieg vorbereitet. In ihrem Westfeldzug umgingen die deutschen Truppen die Maginot-Linie, marschierten in ein unverteidigtes Paris ein und Marschall Pétain musste am 22. Juni 1940 den zweiten Waffenstillstand von Compiègne unterzeichnen. Frankreich wurde in eine *zone occupée* und eine *zone libre* geteilt, wobei in letzterer das von Deutschland abhängige konservativ-autoritäre Vichy-Regime regierte. Bereits kurz nach der Unterzeichnung des Waffenstillstands bildeten sich Gruppen der Résistance, in London gründete Charles de Gaulle die Exilregierung *Freies Frankreich*. In der von den Alliierten durchgeführten Operation Overlord wurde Nordfrankreich 1944 zurückerobert, nach der Schlacht um Paris wurde die Stadt im August 1944 unzerstört befreit. Im September bildete de Gaulle eine provisorische Regierung.

## Nachkriegszeit und europäische Einigung

Die Verfassung der Vierten Republik war bereits am 13. Oktober 1946 durch einen Volksentscheid beschlossen worden. Frankreich, das sich auf Seiten der Siegermächte wiederfand, wurde zum Gründungsmitglied der UNO und bekam im Sicherheitsrat ein Veto-Recht. Der Wiederaufbau wurde nicht zuletzt mit Unterstützungsleistungen aus dem Marshallplan vorangetrieben. 1949 wurde Frankreich auch Gründungsmitglied der NATO, und 1951 wurde mit der Gründung der Europäischen Gemeinschaft für Kohle und Stahl der erste Schritt zur Europäischen Integration gesetzt. Im März 1957 wurden die Römischen Verträge unterzeichnet; zum 1. Januar 1958 wurde die Europäische Wirtschaftsgemeinschaft (EWG) gegründet, aus der mittlerweile die Europäische Union geworden ist und wo Frankreich ein aktives wie dominantes Mitglied ist.

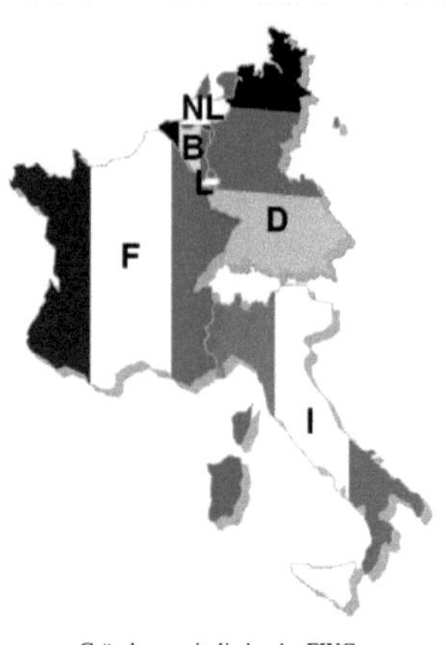

Gründungsmitglieder der EWG

Die Nachkriegszeit ist auch durch den Zerfall des Kolonialreiches geprägt. Der erste Indochinakrieg endete mit der Schlacht von Điện Biên Phủ (1954) und dem Verlust aller französischen Kolonien in Südostasien. Einen noch tieferen Schnitt bedeutete der Algerienkrieg, der mit großer Härte geführt wurde und in dessen Konsequenz Algerien in die Unabhängigkeit entlassen werden musste. Hunderttausende Pied-noirs mussten nach Frankreich rückgeführt werden.

Innenpolitisch wurde die instabile Vierte Republik im Oktober 1958 durch die Fünfte Republik abgelöst, die einen starken, von der Legislative weitgehend unabhängigen Präsidenten vorsieht. Diese Fünfte Republik wurde im Mai 1968 stark erschüttert, was langfristig kulturelle, politische und ökonomische Reformen in Frankreich nach sich zog. Nach der Ölkrise von 1973 beschloss Frankreich, sich durch Nutzung der Kernenergie vom Erdöl unabhängiger zu machen. Eine weitere Zäsur war Machtübernahme durch die Sozialistische Partei **1981** und die Präsidentschaft von François Mitterrand, die bis Mai 1995 andauerte. Während dieser wurden unter anderem massive Verstaatlichungen vorangetrieben, die Todesstrafe und Kernwaffentests abgeschafft, die 39-Stunden-Woche eingeführt und der Vertrag von Maastricht ratifiziert. Sein Nachfolger Jacques Chirac setzte die Einführung des Euro um und brüskierte die USA, indem er - wie Bundeskanzler Gerhard Schröder in Deutschland - 2002/2003 die Teilnahme am Irakkrieg verweigerte.[23] [24]

# Recht

## Gerichtsorganisation

In der Fünften Republik übernimmt der Verfassungsrat (*Conseil constitutionnel*) die Kontrollfunktion innerhalb des politischen Systems. In einem nicht erneuerbaren Mandat ernennen der Staatspräsident, und die Präsidenten der Nationalversammlung und des Senats jeweils drei Abgeordnete für eine Amtszeit von neun Jahren. Der Rat überprüft Gesetze auf Anfrage, überwacht die Gesetzesmäßigkeit von Wahlen und Referenden. Für eine Überprüfung von Gesetzen sind jeweils 60 Abgeordnete der Nationalversammlung (10,4 % der Abgeordneten) oder des Senats (18,1 % der Senatoren) nötig.

Palais de Justice in Paris

Die Todesstrafe wurde in Frankreich 1981 abgeschafft.

# Politik

Seit der Annahme einer neuen Verfassung am 5. Oktober 1958 spricht man in Frankreich von der Fünften Republik. Diese Verfassung macht Frankreich zu einer zentralistisch organisierten Demokratie mit einem exekutivlastigen semi-präsidentiellen Regierungssystem. Gegenüber früheren Verfassungen wurde die Rolle der Exekutive und vor allem jene des Präsidenten weitgehend gestärkt. Dies war die Reaktion auf die extreme politische Instabilität in der Vierten Republik. Sowohl Präsident und Premierminister spielen eine aktive Rolle im politischen Leben, wobei der Präsident nur dem Volk gegenüber verantwortlich ist. Die Macht des Parlaments wurde in der fünften Republik eingeschränkt, die Verfassung hat ihm jedoch entscheidende Kontrollfunktionen übertragen.

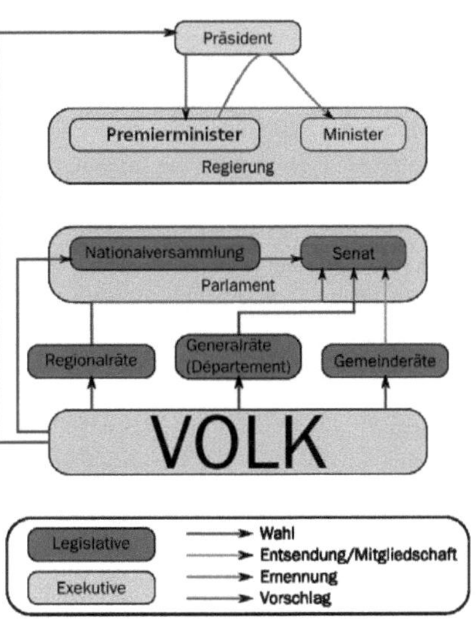


Organigramm des politischen Systems der Fünften Französischen Republik

Die Verfassung enthält keinen Grundrechtekatalog, sondern verweist auf die Erklärung der Menschen- und Bürgerrechte von 1789 und die in der Verfassung der Vierten Französischen Republik von 1946 festgehaltenen sozialen Grundrechte.

## Exekutive

Verfassungsgemäß ist der direkt durchs Volk gewählte Staatspräsident das höchste Staatsorgan. Er steht über allen anderen Institutionen. Er wacht über die Einhaltung der Verfassung, sichert das Funktionieren der öffentlichen Gewalten, die Kontinuität des Staates, die Unabhängigkeit, die Unverletzlichkeit des Staatsgebietes und die Einhaltung von mit anderen Staaten geschlossenen Abkommen. Er tritt als Schiedsrichter bei Streitigkeiten zwischen staatlichen Institutionen auf.[25] Er verkündet Gesetze und hat das Recht, sie dem Verfassungsrat zur Prüfung vorzulegen. Er darf Gesetze oder Teile davon an das Parlament zur Neuberatung zurückweisen, hat aber kein Vetorecht. Dekrete und Verordnungen werden vom Ministerrat, dessen Vorsitz der Präsident führt, beschlossen; gegenüber diesen hat der Präsident jedoch ein aufschiebendes Veto.[26] Hinsichtlich der Außen- und Sicherheitspolitik verfügt der Staatspräsident sowohl über die Richtlinien- und über die Ratifikationskompetenz, sodass er sowohl die Außenpolitik gestaltet als auch völkerrechtliche Vereinbarungen für Frankreich verbindlich eingeht. Diese Praxis schälte sich in der Regierungszeit de Gaulles heraus und ist nicht zwingend der Verfassung zu entnehmen.[27] Auf Antrag der Regierung oder des Parlamentes darf der Präsident Volksabstimmungen initiieren. Er ernennt Mitglieder wichtiger Gremien, etwa drei der neun Mitglieder des Verfassungsrates, alle Mitglieder des Obersten Rates für den Richterstand sowie die Staatsanwälte. Der Staatspräsident ist keiner Kontrolle durch die Judikative unterworfen, dem Parlament gegenüber ist er nur bei Hochverrat verantwortlich. Des Weiteren befiehlt der Staatspräsident über die Streitkräfte und den Einsatz der Atomwaffen; im Falle der Ausrufung des Notstandes hat der Präsident fast unbeschränkte Autorität. Dem Präsidenten steht das Präsidialamt als Berater und Unterstützer zur Seite.

Der Präsident leitet die ihm verliehene staatliche Autorität an den Premierminister und die Regierung weiter, wobei die Regierung die vom Präsidenten vorgegebenen Richtlinien umzusetzen hat. Dies erfordert eine enge Zusammenarbeit zwischen Präsidenten und Premierminister, die in einer *Cohabitation* schwierig sein kann, also wenn Präsident und Premierminister aus zwei entgegengesetzten politischen Lagern kommen. Der Präsident ernennt formell ohne jegliche Einschränkungen einen Premierminister und, auf Vorschlag des Premierministers, die Regierungsmitglieder. Die Regierung hängt in der Folge vom Vertrauen des Parlamentes ab, der Präsident kann eine einmal ernannte Regierung formal nicht entlassen. Die Regierung besteht aus Ministern, Staatsministern, *ministres délegués*, also Ministern mit speziellen Aufgaben, und Staatssekretären. Regierungsmitglieder dürfen in Frankreich kein anderes staatliches Amt, keine sonstige Berufstätigkeit oder Parlamentsmandat ausüben. Sie sind in ihrer Funktion dem Parlament verantwortlich.[28]

## Legislative

Das Parlament der V. Republik besteht aus zwei Kammern. Die Nationalversammlung (*Assemblée Nationale*) hat 577 Abgeordnete, die direkt auf fünf Jahre gewählt werden. Der Senat hat 317 Mitglieder (ab 2010 346 Mitglieder). Diese werden indirekt für eine Amtszeit von sechs Jahren gewählt. Die Wahl des Senats wird auf Ebene der Départements durchgeführt, wobei das Wahlkollegium aus den Abgeordneten des Départements, den Generalräten und Gemeindevertretern besteht.

Das Palais Bourbon, Sitz der Nationalversammlung

Die Initiative für Gesetze kann vom Premierminister oder einer der beiden Parlamentskammern ausgehen. Nach der Debatte in den Kammern muss der Gesetzestext von beiden Kammern gleichlautend verabschiedet werden, wobei das Weiterreichen des Textes als *navette* bezeichnet wird. Nach der Annahme durch das Parlament hat der Präsident nur einmal das Recht, einen Gesetzestext zurückzuweisen. Das Parlament hat weiters die Aufgabe, die Arbeit der Regierung durch Anfragen und Aussprachen zu kontrollieren. Die Nationalversammlung hat die Möglichkeit, die Regierung zu stürzen. Das Parlament hat nicht die Befugnis, den Staatspräsidenten politisch herauszufordern.[29] Der Staatspräsident darf jedoch die Nationalversammlung auflösen; von diesem Recht wurde in der Vergangenheit wiederholt Gebrauch gemacht, um schwierige Phasen der *Cohabitation* zu beenden.[30]

## Staatshaushalt

(Quelle: Eurostat [31])

1974 hatte der Staatshaushalt zum letzten Mal *keine* Neuverschuldung; er war ausgeglichen.[32] 2010 umfasste er Ausgaben von 1.094 Milliarden Euro, dem standen Einnahmen von 957 Milliarden Euro gegenüber. Daraus ergibt sich ein Haushaltsdefizit in Höhe von 137 Milliarden Euro beziehungsweise 7,1 % des BIP.[33]
Die Staatsverschuldung betrug 2010 1.591 Milliarden Euro oder 82,3 % des BIP.[33] Damit liegen Neuverschuldung und Verschuldungsgrad weit über der in den EU-Konvergenzkriterien ("Maastricht-Kriterien") genannten Obergrenzen von 3 % p.a. bzw. 60 % (Art. 126 [34] AEU-Vertrag). Im Jahr 2011 betrug die Neuverschuldung 5,2 % des BIP und lag damit 0,5 % niedriger als ursprünglich erwartet.

Ende 2012 wird der Schuldenstand auf rund 88 Prozent des Bruttoinlandsprodukts steigen. Der größte Posten im Budget sind die Zinszahlungen: insgesamt rund 48,8 Milliarden Euro. Das Schatzamt (siehe auch Agence France Trésor) hat die Ermächtigung, Staatsanleihen im Wert von 179 Milliarden Euro auszugeben, um die Schuldenlast zu finanzieren.Im Rahmen der Staatsschuldenkrise im Euroraum wurde Frankreich im Januar 2012 von der Ratingagentur Standard & Poor's herabgestuft; Präsident Sarkozy hat angekündigt, in den kommenden fünf Jahren rund 65 Milliarden Euro im Haushalt einsparen zu wollen, falls er bei den Französischen Präsidentschaftswahl 2012 wiedergewählt wird.[32]

| Jahr | 1999 | 2000 | 2001 | 2002 | 2003 | 2004 | 2005 | 2006 | 2007 | 2008 | 2009 | 2010 |
|---|---|---|---|---|---|---|---|---|---|---|---|---|
| Staatsverschuldung | 58,9 % | 57,3 % | 56,9 % | 58,8 % | 62,9 % | 64,9 % | 66,4 % | 63,7 % | 63,8 % | 67,5 % | 78,1 % | 82,3 % |
| Haushaltssaldo | -1,8 % | -1,5 % | -1,5 % | -3,1 % | -4,1 % | -3,6 % | -2,9 % | -2,3 % | -2,7 % | -3,3 % | -7,5 % | -7,1 % |
| Quelle: Eurostat[35] | | | | | | | | | | | | |

2006 betrug der Anteil der Staatsausgaben (in % des BIP) folgender Bereiche:

- Gesundheit:[36] 11,0 %
- Bildung: 5,7 % (2005)
- Militär: 2,6 % (2005)

## Politische Parteien

*Siehe auch:* Liste der politischen Parteien in Frankreich

Die französische Parteienlandschaft zeichnet sich durch einen hohen Grad der Zersplitterung und hohe Dynamik aus. Neue Parteien entstehen und existierende Parteien ändern häufig ihre Namen. Die Namen der Parteien geben nur sehr bedingt über ihre ideologische Ausrichtung Aufschluss, denn es ist zu einer gewissen Begriffsentfremdung gekommen. Französische Parteien haben in der Regel relativ wenige Mitglieder und eine schwache Organisationsstruktur, die sich häufig auf Paris als dem Ort, wo die meisten Entscheidungen getroffen werden, konzentriert.[37] Die politische Linke wird von der kommunistischen Parti communiste français, der sozialistischen Parti socialiste und der Parti radical de gauche besetzt. Die Parti socialiste stellte hingegen den langjährigen Präsidenten François Mitterrand und mehrere Premierminister. Die grüne Partei in Frankreich heißt Les Verts, wobei grüne Politik in Frankreich tendenziell weniger Zulauf genießt als in den deutschsprachigen Staaten. Die wichtigste Zentrumspartei ist die erst 2007 gegründete Mouvement démocrate. Zum konservativen Lager gehört die Union pour un mouvement populaire, die momentan den Präsidenten und den Premierminister stellt. Weiterhin ist der Mouvement pour la France eher noch zum bürgerlichen Lager zu zählen, während der Front National zum Rechtsextremismus gehört.

## Innenpolitik

Momentan stellt das konservative Lager des amtierenden Staatspräsidenten Nicolas Sarkozy mit 345 Sitzen die absolute Mehrheit in der Nationalversammlung.

Am 6. Mai 2007 gewann Nicolas Sarkozy, der Präsidentschaftskandidat der UMP, mit gut 53 % der Stimmen die Präsidentschaftswahl. Seine Kontrahentin, die Sozialistin Ségolène Royal, erreichte knapp 47 Prozent.

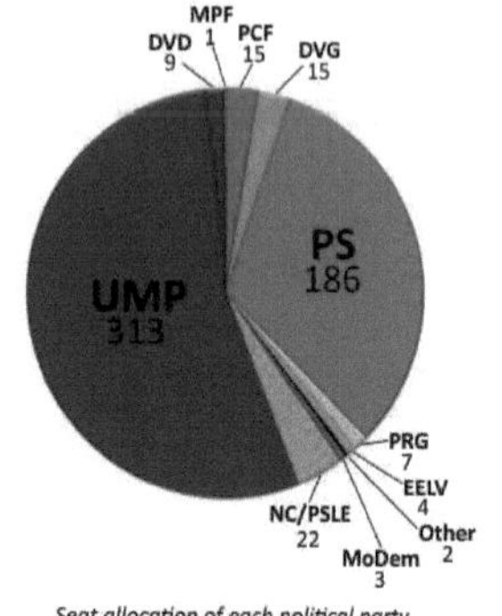


Sitzverteilung der Nationalversammlung 2007–2012

Am 16. Mai 2007 folgte Sarkozy Jacques Chirac im Amt des französischen Staatspräsidenten. In den darauffolgenden Tagen ernannte er den früheren Sozial- und Bildungsminister François Fillon zum neuen Premierminister und stellte das neue Kabinett vor, dem auch Politiker des Zentrums und der Sozialisten angehören.

Als wichtigste innenpolitische Vorhaben nannte die Regierung die Erhöhung der Kaufkraft der Bürger, eine Flexibilisierung der Arbeitszeiten, insbesondere durch die Abschaffung der 35-Stunden-Woche sowie ein härteres Vorgehen gegen Kriminalität. Während seiner Zeit als Innenminister und seit der Wahl zum Präsidenten sah sich Sarkozy wiederholt mit Schwierigkeiten in der Banlieue, den Vorstadtsiedlungen großer Städte, konfrontiert. Immer wieder kommt es hier zu Sachbeschädigungen durch Vandalismus und zu Zusammenstößen zwischen der Polizei und Jugendlichen. Im Oktober 2005 hatten die Konflikte einen Höhepunkt erreicht und griffen von Paris in andere Städte über, nachdem zwei Jugendliche einen Unfalltod erlitten hatten.

## Außen- und Sicherheitspolitik

### Europapolitik

Frankreich ist Gründungsmitglied der Europäischen Union (Parlamentsgebäude in Brüssel)

Leitlinie der französischen Außenpolitik ist die zunehmende Integration Europas mit dem Ziel einer politischen Einigung. Nach dem Zweiten Weltkrieg gaben Deutschland und Frankreich unter dem Eindruck der Kriegserlebnisse ihre Erbfeindschaft auf, die eine grundsätzliche Gefährdung des europäischen Friedens darstellte, und verfolgten die Aussöhnung untereinander. Frankreich ist Gründungsmitglied der Europäischen Union. Mittlerweile betreiben Frankreich und Deutschland eine oftmals kongruente Europapolitik, sodass es Pläne gibt, aus diesen beiden Ländern ein „Kerneuropa" zu bilden, das die europäische Einigung nötigenfalls auch gegen einige andere EU-Mitglieder vorantreibt.

Indirekt ist dieser Prozess auch gegen ein als solches wahrgenommenes imperiales Streben der Vereinigten Staaten von Amerika, deren überbordende Machtfülle Frankreich mit der Schaffung einer multipolaren Weltordnung relativieren will.

Generell folgen Frankreichs Grundinteressen in der EU jedoch dem intergouvernementalen Ansatz, welcher zunächst keine Übertragung weiterer Kompetenzen auf die EU-Ebene vorsieht. Zentrales Ziel der französischen Europapolitik ist, die Führungsrolle Frankreichs in Europa zu festigen. Aufgeweicht wird diese Position jedoch teilweise durch neue pragmatische Ansätze. Besonders in der Klima- und Energie-, der Wirtschafts- und Finanz- sowie der Sicherheits- und Verteidigungspolitik ist Frankreich vermehrt Vorreiter europäischer Positionen. Der grundsätzliche Fokus auf nationalen Interessen bleibt allerdings erhalten.[38]

Aufsehen erregte das französische „Non“ im nationalen Referendum zum Entwurf des Vertrags über eine Verfassung für Europa 2005, welches neben dem negativen Referendum der Niederländer maßgeblich zum Scheitern des Verfassungsvertrags beitrug. Das französische Selbstverständnis als Motor der europäischen Integration wurde hierdurch geschwächt.[39] Abhilfe versuchte der neue französische Präsident Nicolas Sarkozy zu schaffen, als er bei seinem Amtsantritt 2007 Frankreichs „Rückkehr nach Europa“ forderte. Die EU sollte somit wieder als Teil des französischen Selbstverständnisses betrachtet werden.[40]

In der aktuellen Eurokrise setzen sich Frankreich und Deutschland weitestgehend für gemeinsame Positionen ein. Dies spiegelt sich in häufigen bilateralen Gesprächen zwischen Bundeskanzlerin Angela Merkel und Nicolas Sarkozy, auch im Vorfeld offizieller Gipfeltreffen, wider.

Wichtige Anliegen Frankreichs auf EU-Ebene sind der Aufbau einer europäischen Sicherheits- und Verteidigungspolitik ein, ebenso wie die Schaffung einer neuen Mittelmeerunion.[41] Die EU-Ratspräsidentschaft hatte das Land zuletzt im 2. Halbjahr 2008 inne.

**Sicherheitspolitik**

Eine weitere Säule der französischen Außenpolitik ist die internationale Kooperation auf dem Gebiet der Sicherheitspolitik und der Entwicklungshilfe bei ständiger Wahrung der französischen Souveränität. Dazu ist Frankreich Mitglied in zahlreichen sicherheitspolitischen Organisationen wie der OSZE und hat am Eurocorps teil. Außerdem engagiert sich Frankreich in der atomaren Abrüstung, hat bisher jedoch nicht verlautbaren lassen, auf das Potenzial der *Force de frappe* zu verzichten.

Frankreich ist zudem ständiges Mitglied im UNO-Sicherheitsrat mit Vetorecht. Über die Vereinten Nationen koordiniert es seine internationale Entwicklungszusammenarbeit und sein humanitäres Engagement.

**NATO**

Frankreich war 1949 Gründungsmitglied des Nordatlantikvertrages (NATO) und erhielt militärischen Schutz durch die USA. Mit der Machtübernahme von de Gaulle 1958 änderten sich die Beziehungen zu den USA und zu der von den USA dominierten NATO dahingehend, dass Frankreich 1966 seine militärische Integration in die Strukturen der NATO aufgab und ausschließlich politisch integriert blieb. Im März 2009 kündigte Präsident Sarkozy die vollständige Rückkehr Frankreichs in die Kommandostruktur der NATO an. Das französische Parlament bestätigte am 17. März 2009 diesen Schritt, indem es Sarkozy das Vertrauen ausgesprochen hatte.[42]

Unter de Gaulles Führung entwickelte sich Frankreich 1960 zu einer Atommacht und verfügte ab 1965 mit der Force de frappe über Atomstreitkräfte, die zunächst 50 mit Atombomben (Kernwaffen) ausgestattete Flugzeuge in Dienst stellte. 1968 hatte Frankreich bereits 18 Abschussrampen für Mittelstreckenraketen aufgestellt, die 1970 und 1971 mit Atomsprengköpfen ausgestattet wurden. In den 1970er Jahren erweiterte Frankreich seine Atommacht auch auf See. Vier Atom-U-Boote verfügen über je 16 atomar bestückte Mittelstreckenraketen.

**Kulturpolitik**

Ebenfalls von großer Bedeutung für die französischen Außenbeziehungen ist die französische Kulturpolitik und die Förderung der Frankophonie. International hat die französische Sprache mit ungefähr 140 Millionen Sprechern einen hohen Stellenwert. Dies unterstützt das französische Außenministerium mit einer Unterabteilung namens AEFE, deren etwa 280 Schulen in ungefähr 130 Ländern von rund 16.000 Jugendlichen besucht werden. Die Leistungen der knapp 1.000 Lokalitäten der *Agence française* nehmen ungefähr 200.000 Studenten in aller Welt in Anspruch.[43]

Marianne, die Nationalfigur Frankreichs

Hinzu kommt ein Engagement auch nach Ende der Kolonialherrschaft in Afrika, wo Frankreich bis heute in vielen Ländern die bestimmende Ordnungsmacht geblieben ist.

## Militär

Frankreich hat einen der höchsten Rüstungsetats der Welt und gehört zu den führenden Militärmächten sowie zum Kreis der offiziellen Atomwaffenstaaten. Die französischen Streitkräfte *(Les forces armées françaises)* sind seit Ende 1990er Jahre eine Berufsarmee und umfassen 350.000 Männer und Frauen [44] . 20.000 Soldaten sind in den Überseedepartements und -territorien stationiert, weitere 8.000 in afrikanischen Staaten, mit denen Verteidigungsabkommen vereinbart wurden. Die Streitkräfte teilen sich dabei in die drei klassischen Sektoren Heer *(Armée de Terre)*, Luftwaffe *(Armée de l'air)*, Marine *(Marine nationale)*. Frankreichs Nuklearstreitkräfte *(Force de dissuasion nucléaire)* mit ca. 348 bis 350 Sprengköpfen stellt die Marine und zum kleineren Teil die Luftwaffe. Des Weiteren ist die *Gendarmerie Nationale*, eine zentrale Polizeibehörde, dem Verteidigungsministerium unterstellt. Militärisches und populärkulturelles Aushängeschild des französischen Militärs ist die Fremdenlegion *(Légion étrangère)*.

## Administrative Gliederung

Frankreich gilt spätestens seit Ludwig XIII. und Kardinal Richelieu als Inbegriff des zentralisierten Staates. Zwar wurden später Maßnahmen zur Dezentralisierung ergriffen, diese hatten jedoch eher den Zweck, die Zentralgewalt näher zum Bürger zu bringen. Erst seit der Verwaltungsreform der Jahre 1982 und 1983 wurden Kompetenzen von der Zentralregierung auf die Gebietskörperschaften verlagert.[45]

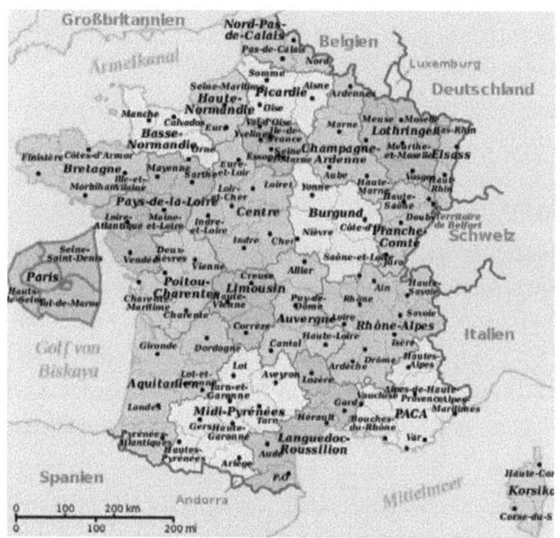

Administrative Gliederung Frankreichs

Auf oberster Ebene ist Frankreich in 26 *Régions* gegliedert. Regionen gibt es erst seit 1964, seit 1982/83 haben sie den Status einer Gebietskörperschaft. Jede Region wählt einen Regionalrat (*Conseil régional*), der wiederum einen Präsidenten wählt. Weiterhin ernennt der französische Staatspräsident einen Regionalpräfekten. Regionen sind zuständig für die Wirtschaft, die Infrastruktur der Berufs- und Gymnasialausbildung und finanzieren sich über Steuern, die sie einheben dürfen, und über Transferzahlungen der Zentralregierung.[46] Korsika hat unter den Regionen einen Sonderstatus und wird als *Collectivité territoriale* bezeichnet. Fünf Regionen (Guadeloupe, Martinique, Französisch-Guayana, Mayotte und La Réunion) befinden sich in Übersee und hatten bis zur Verfassungsänderung 2003 den Status eines *Überseedépartements*. Die Regionen bilden die europäische Statistikebene NUTS-2 (auf der übergeordneten Ebene NUTS-1 bestehen 8+1 *Zones d'études et d'aménagement du territoire* (ZEAT, Raumplanungs- und -ordnungszonen)).

Eine Region ist ihrerseits in Départements unterteilt. Départements ersetzten 1790 die traditionellen Provinzen, um den Einfluss der lokalen Machthaber zu brechen. Von den heute 101 Départements liegen 96 in Europa. Die hohe Zahl dieser relativ kleinen Verwaltungseinheiten ist immer wieder Gegenstand von Diskussionen. Départements wählen einen Generalrat (*Conseil général*), der einen Präsidenten als Exekutivorgan wählt. Erster Mann im Département ist jedoch der vom französischen Staatspräsidenten ernannte Präfekt. Départements haben die Aufgabe, sich um das Sozial- und Gesundheitswesen, die *Collèges*, Kultur- und Sporteinrichtungen, Departementsstraßen und den Sozialbau zu kümmern.[47] [48] Sie dürfen Steuern einheben und bekommen Transferzahlungen der Zentralregierung. Die Départements bilden die europäische Statistikebene NUTS-3.

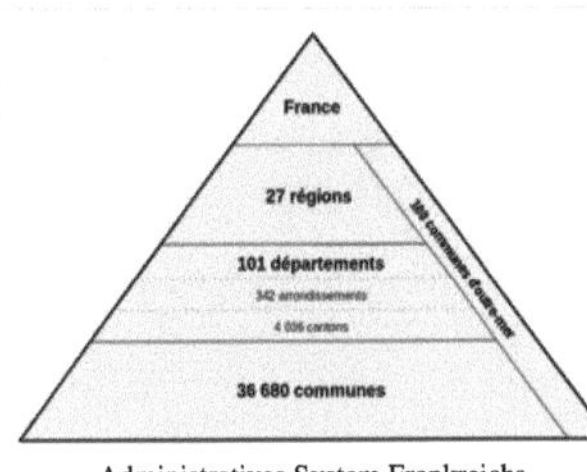

Administratives System Frankreichs

Die 325 Arrondissements stellen keine eigene Rechtspersönlichkeit dar. Sie dienen vorrangig der Entlastung der Départementsverwaltung. Ebenso dienen die 4036 Kantone nur noch als Wahlbezirk für die Wahl der Generalräte. Die Arrondissements der Städte Paris, Lyon und Marseille haben den Status von Kantonen.[49] [50]

Die kleinste und gleichzeitig älteste organisatorische Einheit des französischen Staates sind die Gemeinden (*communes*). Sie folgten 1789 den Pfarreien und Städten nach. Anfang 2009 gab es 36.682 Gemeinden, davon 112 in Übersee.[49] Trotz der hohen Zahl der Gemeinden, die größtenteils nur sehr wenige Einwohner haben, gab es in den letzten Jahren kaum Bemühungen um eine Gemeindereform. Jede Gemeinde wählt einen Gemeinderat (*Conseil municipal*), der dann aus seiner Mitte einen Bürgermeister wählt. Seit 1982 haben die Gemeinden deutlich mehr Rechte und werden vom Staat weniger bevormundet. Auf Gemeindeebene werden Grundschulbildung, Stadtplanung, Abfallbeseitigung, Abwasserreinigung und Kulturaktivitäten organisiert; auch sie finanzieren sich über eigene Steuern und Transferzahlungen.[51] [52]

Verwaltungsrechtliche Sonderstatus gelten für die Départementskörperschaft (*Collectivité départementale,*) Mayotte, die Gebietskörperschaft (*Collectivité territoriale*) Saint-Pierre und Miquelon, die Überseeterritorien (*Territoires d'outre-mer*, T.O.M.) Französisch-Polynesien, Neukaledonien, Wallis und Futuna, Saint-Barthélemy, Saint-Martin und die Französischen Süd- und Antarktisgebiete (*Terres australes et antarctiques françaises,* T.A.A.F.) sowie die Îles éparses und die Clipperton-Insel.

Frankreich sowie seine Überseeregionen, -départements sowie Saint-Barthélemy und Saint-Martin sind Teil der EU. Die restlichen Überseegebiete sind nicht EU-Mitglieder. In Frankreich erlassene Gesetze gelten in den T.O.M. nur, wenn dies ausdrücklich erwähnt ist.

# Verkehr

## Straßenverkehr

Ein dichtes Autobahnnetz verbindet in erster Linie den Großraum Paris mit den Regionen. Dabei wurde in erster Linie das auf Paris zu laufende Netz der Nationalstraßen ausgebaut. Nach und nach werden auch Querverbindungen zwischen den einzelnen Großräumen geschaffen. Die Verkehrswege Frankreichs gehören dem Staat, die meisten Autobahnstrecken werden seit 2006 aber privat betrieben, an Mautstellen müssen alle Benutzer Maut zahlen.[53] Nur wenige Abschnitte sind mautfrei, zum Beispiel im Bereich der Großstädte, die neue A75 oder die elsässische A35. Dabei gilt wiederum die Ausnahme, dass bestimmte, besonders aufwändige Autobahnabschnitte auch innerhalb des Großstadtbereichs Maut kosten (z. B. Nordumgehung von Lyon oder A14 bei Paris).

## Schienenverkehr

Der öffentliche Nahverkehr ist in großen Zentren hervorragend ausgebaut. In Paris ist kein Ort weiter als 500 Meter von einer Station der Métro entfernt. Auch in anderen Städten werden die U-Bahnen mit großem Aufwand ausgebaut, zum Beispiel in Lyon, Lille, Marseille oder Toulouse. Außerhalb der großen Zentren wird der Nahverkehr hingegen nur spärlich betrieben.

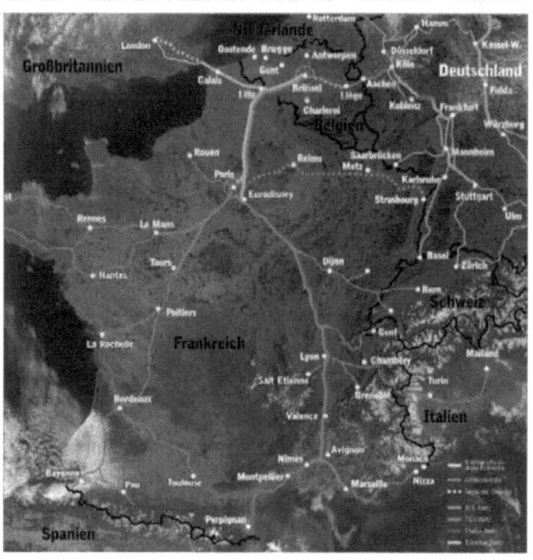

Das TGV-Netz

Landesweit wurde seit Anfang der 1980er Jahre das Netz des Hochgeschwindigkeitszugs Train à grande vitesse (TGV) konsequent ausgebaut. Das Netz wird weiter ausgebaut und erreicht dabei auch zunehmend die Nachbarländer. Für Deutschland ist vor allem der Neubau der Ligne à grande vitesse (LGV, dt. Hochgeschwindigkeitsstrecke) Est européenne Richtung Straßburg und Süddeutschland beziehungsweise Richtung Saarbrücken und Mannheim relevant. Der Thalys verbindet Paris mit Brüssel, Aachen und Köln.

Seit 2003 muss die Staatsbahn Société Nationale des Chemins de fer Français (SNCF) sich privater Konkurrenz stellen. De facto hat sie aber landesweit noch ein Fast-Monopol.

## Luftverkehr

Der Luftverkehr ist in Frankreich stark zentralisiert: Die beiden Flughäfen der Hauptstadt Paris (Charles de Gaulle und Orly) fertigten 2008 gemeinsam 87,1 Millionen Fluggäste ab.[54] Charles de Gaulle ist dabei der zweitgrößte Flughafen Europas und zentrales Drehkreuz der Air France. Er wickelt auch praktisch den gesamten Langstreckenverkehr ab. Die größten Flughäfen außerhalb von Paris sind jene von Nizza mit 10 Millionen Passagieren, danach folgen Lyon und Marseille. Air France, die führendes Mitglied der Allianz SkyTeam ist, fusionierte 2004 mit KLM zu Air France-KLM und ist seitdem eine der größten Fluggesellschaften der Welt.

Terminal 1 von Paris-Charles de Gaulle

## Schiffsverkehr

Frankreich hat die natürlichen und künstlichen Binnenwasserstraßen (Flüsse und Kanäle) aus wirtschaftlichen und militärischen Beweggründen in seiner Geschichte stark entwickelt und ausgebaut. Seine Hochblüte erlebte das Wasserwegenetz im 19.Jahrhundert mit einer Länge von 11.000 Kilometern. Durch Konkurrenz von Schiene und Straße ist es bis heute auf rund 8.500 Kilometer zurückgegangen. Es wird zum Großteil von der staatlichen Wasserstraßenverwaltung Voies navigables de France (VNF) verwaltet und betrieben.

2007 wurden von der Frachtschifffahrt auf Frankreichs Wasserstraßen Güter mit einem Gesamtgewicht von 61,7 Millionen Tonnen befördert. Bezieht man die Distanz in die Statistik ein, ergibt sich ein Wert von 7,54 Milliarden Tonnen-Kilometer. Über die letzten 10 Jahre bedeutet dies eine Steigerung um 33 Prozent. Die Personenschifffahrt hat heute nur noch touristische Bedeutung, ist aber ein aufstrebender Wirtschaftsfaktor.

Der Canal Seine-Nord Europe (CSNE) ist das Projekt eines neuen, 106 km langen Kanals in Süd-Nord-Richtung durch Nordfrankreich zwischen den Einzugsgebieten der Flüsse Seine und Schelde. Das Projekt ist in den Verkehrswegeplan der Europäischen Union aufgenommen. Der Kanal soll 2016 in Betrieb genommen werden.

# Wirtschaft

## Allgemeines

Traditionell ist in Frankreich die Wirtschaftspolitik von vergleichsweise starken staatlichen Eingriffen gelenkt. Hier spielt die historische Rolle des Merkantilismus – im Speziellen des Colbertismus – im Land eine Rolle.

Frankreich ist Teil des Europäischen Binnenmarkts. Zusammen mit 16 EU-Mitgliedstaaten (blau) bildet es eine Währungsunion, die Eurozone.

Frankreich ist eine gelenkte Volkswirtschaft, die in den letzten Jahren zunehmend dereguliert und privatisiert wurde. Ein staatlicher Mindestlohn, der SMIC, sichert den Angestellten einen Stundenlohn von 8,86 Euro.[55]

Wein steht aufgrund der zahlreichen Weinbaugebiete in der französischen Ausfuhrliste an fünfter Stelle: nach Autos, Flugzeugen, pharmazeutischen Produkten und Elektronik. Auch der Tourismus spielt eine große Rolle.

Das Bruttoinlandsprodukt (BIP) stieg im Durchschnitt der Jahre 1995 bis 2005 um 2,1 % jährlich und erreichte 2005 den Wert von 1.689,4 Milliarden Euro. Im Vergleich mit dem BIP der EU ausgedrückt in Kaufkraftstandards erreicht Frankreich einen Index von 111,4 (EU-25:100) (2003).[56]

Die Erwerbstätigenstruktur hat sich gegenüber früher grundlegend gewandelt. So arbeiteten 2003 nur noch 4 % der Erwerbstätigen in der Land- und Forstwirtschaft und Fischerei, in der Industrie waren es 24 %, wohingegen 72 % im Dienstleistungsbereich tätig waren.

Deutschland ist der wichtigste Handelspartner Frankreichs (2003): Es exportiert 14,9 % seines Exportvolumens nach Deutschland, das seinerseits am Import mit 19,1 % beteiligt ist. Frankreich importierte 2009 Waren im Wert von ca. 532,2 Milliarden US-Dollar und exportierte Waren im Wert von ca. 456,8 Milliarden US-Dollar und hat damit ein Handelsdefizit.[57] [58]

## Unternehmen

| | Unternehmen | Umsatz (Mrd. EUR) | Beschäftigte |
|---|---|---|---|
| 1 | Total | 104,7 | 111.000 |
| 2 | Carrefour | 70,5 | 419.000 |
| 3 | PSA Peugeot Citroën | 54,2 | 200.000 |
| 4 | France Télécom | 46,1 | 222.000 |
| 5 | Électricité de France | 44,9 | 167.000 |
| 6 | Suez | 39,6 | 171.000 |
| 7 | Les Mousquetaires | 38,4 | 112.000 |
| 8 | Renault | 37,5 | 160.000 |
| 9 | Publicis Groupe | 32,2 | 35.000 |

| | | | |
|---|---|---|---|
| 10 | Saint-Gobain | 29,6 | 172.000 |
| 11 | Groupe Auchan | 28,7 | 156.000 |
| 12 | Veolia Environnement | 28,6 | 257.000 |
| 13 | Centres Leclerc | 27,2 | 84.000 |

|+ Die größten französischen Unternehmen 2003 (ohne Banken und Versicherungen)

## Energieversorgung

Die Energiewirtschaft Frankreichs beschäftigte 2008 194.000 Personen (0,8 % der Erwerbsbevölkerung) und trug 2,1 % zum BIP bei.[59] Ursprünglich verfügte Frankreich über reiche Kohlevorkommen, die Kohleförderung erreichte jedoch bereits 1958 mit der Förderung von 60 Millionen Tonnen ihren Höhepunkt. 1973 förderte man noch 29,1 Millionen Tonnen, 2004 schloss mit La Houve in Lothringen die letzte Kohlegrube Frankreichs. Kohle wird heute vor allem aus Australien, den USA und Südafrika importiert und in der Stahlindustrie und Wärmekraftwerken (6,9 GW installierte Leistung) verwendet.[60]

Das Kernkraftwerk Cattenom in Lothringen

Lage kerntechnischer Anlagen in Frankreich

Frankreich verfügt über sehr geringe Vorkommen an Erdöl und Erdgas, die den Gesamtverbrauch des Landes für gerade zwei Monate decken könnten. Neben den knapp 1 Million Tonnen Öl, die jährlich in Frankreich selbst gefördert werden, wird Erdöl aus dem Nahen Osten (22 %), den Nordsee-Anrainerstaaten (20 %), Afrika (16 %) und der früheren Sowjetunion (29 %) importiert. Insgesamt verbrauchte Frankreich 2008 82 Millionen Öleinheiten an Erdölprodukten, davon knapp die Hälfte für den Verkehr. Die 13 Raffinerien des Landes können 98 Millionen Tonnen Öl jährlich verarbeiten.[61] 22 % des Energieverbrauches wird von Erdgas abgedeckt, vor allem im Wohnbereich und in der Industrie. Das Erdgas im Wert von 26 Milliarden Euro, das Frankreich 2008 importierte, stammte vor allem aus Norwegen, Russland, Algerien und den Niederlanden.[62]

Die Ölpreisschocks der 1970er Jahre veranlassten die Regierung ein Nuklearprogramm zu initiieren, nach Pierre Messmer auch bekannt als *Messmer-Plan*. Die Arbeit an den ersten drei Kernkraftwerken Tricastin, Gravelines, und Dampierre begann 1974. Die Wiederaufarbeitungsanlage La Hague wurde 1976 der Staatsfirma Cogema übergeben, um abgebrannte Brennelemente nach dem PUREX-Prozess zu recyceln. Mit dem Bau der Gasdiffusionsanlage Georges Besse I wurde 1975 begonnen, der Betrieb wurde 1979 aufgenommen. Bereits 15 Jahre später waren 56 Reaktoren in Betrieb. Von den 44 Millionen Öleinheiten an Energie, die Frankreich 1973 produzierte, waren noch 9 % Atomenergie. 2008 wurden 137 Millionen Öleinheiten produziert, davon waren 84 % Atomenergie. Zu Beginn des Jahres 2009 waren in Frankreich 21 Kernkraftwerke mit 59 Reaktoren und einer Gesamtleistung von 63,3 GW am Netz.

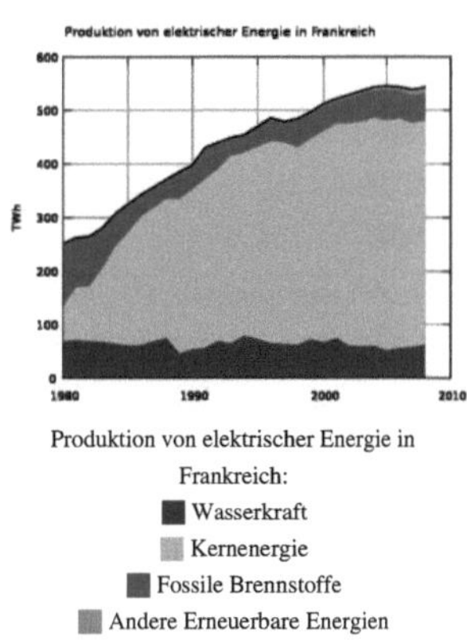

Produktion von elektrischer Energie in Frankreich:
Wasserkraft
Kernenergie
Fossile Brennstoffe
Andere Erneuerbare Energien

Die Kernkraftwerke Frankreichs basieren auf vier verschiedenen Designs. Die Ersten sind Kraftwerke vom Typ CP0, CP1 und CP2 welche etwa 900 MWe Leistung besitzen und hauptsächlich zwischen 1970 und 1980 errichtet wurden. Gegenüber der CP0- und CP1-Serie wurde bei der CP2-Serie die Redundanz erhöht, ab CP1 kann in Notfällen auch Wasser ins Containment gesprüht werden. Diese Reaktoren wurden sehr erfolgreich exportiert, zum Beispiel für das Kernkraftwerk Koeberg und Uljin oder die chinesische CPR-1000-Reaktorbaureihe. Die nachfolgende Baureihe P4 und P'4 liefert etwa 1300 MWe Leistung, das Kernkraftwerk Cattenom gehört zu dieser Bauart. Davon abgewandelt wurde das N4 Design in Civaux und Chooz mit 1450 MWe. Die neuste Baureihe ist der EPR, welcher sich mit Kernfänger, Doppelcontainment und gesteigertem Abbrand von den P4 und N4 Kraftwerken abhebt und ebenfalls Exporterfolge verzeichnet. Durch den hohen Atomstromanteil von 84 % müssen die Kernkraftwerke auch im Mittellastbetrieb arbeiten. Frankreich besitzt deshalb eines der größten Leitungsnetze in Europa; mehrere Kraftwerke können so gemeinsam Bedarfsschwankungen ausgleichen.

Für die Entsorgung radioaktiver Abfälle ist die Agence Nationale pour la Gestion des Déchets Radioactifs verantwortlich. Électricité de France berechnet dafür EUR 0,14 ct/kWh auf den Atomstrompreis, was mit anderen europäischen Ländern vergleichbar ist. Die Entsorgung von schwach- und mittelradioaktiven Abfällen findet in Soulaines und dem Endlager Morvillier im Département Aube statt, welches etwa 650'000 m³ aufnehmen kann. Für die Entsorgung des hochradioaktiven Abfalls (hauptsächlich Glaskokillen aus der Wiederaufarbeitung) wird das Tongestein nahe dem Ort Bure im gleichnamigen Felslabor untersucht.[63]

Frankreich nimmt auch in der Nuklearforschung eine führende Rolle ein: So beteiligt es sich am Generation IV International Forum und arbeitet auch an der kommerziellen Nutzung der schnellen Spaltung und Kernfusion. Die Aktivitäten sind hauptsächlich in Cadarache gebündelt. An einer Weiterentwicklung der Wiederaufarbeitungstechnologie wird ebenfalls gearbeitet, um in Zukunft auch andere Actinoide abtrennen zu können.[63]

In die Kernkraftwerke wurden in Frankreich bisher 77 Milliarden Euro investiert; man schätzt, dass durch die nukleare Energiegewinnung jährlich 31 Millionen Tonnen $CO_2$ vermieden werden.[64] Durch den hohen Atomstromanteil profitiert Frankreich erheblich vom EU-Emissionshandel. Von den 442 TWh elektrischer Energie, die 2008 in Frankreich erzeugt wurden, wurden 65 % in den Privathaushalten und im Dienstleistungssektor verbraucht, sowie weitere 27 % in der Industrie (ohne Stahlindustrie). Frankreich ist auch ein Stromexporteur, 2008 wurden 50 TWh an die Nachbarländer verkauft, größte Abnehmer sind Italien und Großbritannien.[65] Erneuerbare Energieträger spielen in Frankreich eine untergeordnete Rolle: 5,5 % der Energie werden aus Wasserkraft, 8,7 % aus Holz, 2,1 % aus Biomasse, 1,2 % aus Müll und 0,49 % aus Wind gewonnen.[66] Marktführer bei der Erzeugung elektrischer Energie ist der staatlich dominierte Konzern Électricité de France.

Ende November 2011 machte das französischen Institut für nukleare Sicherheit auf die Notwendigkeit der Sanierung aller in Frankreich stationierten Atomkraftwerke aufmerksam. Nur so könnten mögliche Naturkatastrophen ohne größeres Unheil überstanden werden. Daraufhin wurden von grüner und sozialistischer Seite her Forderungen nach einem kompletten Atomausstieg laut. Laut Einigung sollen bis 2025 nun 24 der 58 Atommeiler vom Netz gehen.[67]

## Kultur

Frankreich leitet seinen Rang in Europa und der Welt auch aus den Eigenheiten seiner Kultur ab, die sich insbesondere über die Sprache definiert (Sprachschutz- und -pflegegesetzgebung). In der Medienpolitik wird die eigene Kultur und Sprache durch Quoten für Filme und Musik gefördert. Frankreich verfolgt in der Europäischen Union, der UNESCO und der WTO mit Nachdruck seine Konzeption der Verteidigung der kulturellen Vielfalt („diversité culturelle"): Kultur sei keine Ware, die schrankenlos frei gehandelt werden kann. Der Kultursektor bildet daher eine Ausnahme vom restlichen Wirtschaftsgeschehen („exception culturelle").

Landesweite Pflege und Erhalt des reichen materiellen kulturellen Erbes wird als Aufgabe von nationalem Rang angesehen. Dieses Verständnis wird durch staatlich organisierte oder geförderte Maßnahmen, die zur Bildung eines nationalen kulturellen Bewusstseins beitragen, wirksam in die Öffentlichkeit transportiert. Im jährlichen Kulturkalender fest verankerte Tage des nationalen Erbes, der Musik oder des Kinos beispielsweise finden lebhaften Zuspruch in der Bevölkerung. Großzügig zugeschnittene kulturelle Veranstaltungen entsprechen dem Selbstverständnis Frankreichs als Kulturnation und von Paris als Kulturmetropole. Die Förderung eines kulturellen Profils der regionalen Zentren in der Provinz wird verstetigt.

### Küche

Die französische Küche (*Cuisine française*) gilt seit der frühen Neuzeit als einflussreichste Landesküche Europas. Sie ist sowohl für ihre Qualität als auch ihre Vielseitigkeit weltberühmt und blickt auf eine lange Tradition zurück. Das Essen ist in Frankreich ein wichtiger Bereich des täglichen Lebens und die Pflege der Küche ein unverzichtbarer Bestandteil der nationalen Kultur.[68] Das *„gastronomische Mahl der Franzosen"* wurde 2010 als immaterielles Weltkulturerbe von der UNESCO anerkannt.[69] [70]

Paul Bocuse, der höchstdekorierte Sternekoch der Welt

## Architektur

Die ältesten architektonischen Spuren in Frankreich hinterließen die Römer vor allem in Südostfrankreich, wie beispielsweise das Amphitheater von Nîmes oder die Pont du Gard. Nach dem Zerfall der römischen Herrschaft wurden zunächst keine Bauwerke errichtet, die bis heute erhalten geblieben sind. Aus dem Mittelalter sind vor allem Sakralbauten erhalten geblieben, wie das Baptisterium Saint-Jean aus der Zeit der Karolinger, Kirchen in romanischem Stil wie St-Sernin de Toulouse, Ste-Foy de Conques oder Ste-Marie-Madeleine de Vézelay sowie Kirchen in gotischem Stil wie die Kathedrale von Beauvais. Daneben wurden Festungsstädte wie Carcassonne oder Aigues-Mortes errichtet.

Das berühmteste Bauwerk Frankreichs: Der Eiffelturm

Als die Renaissance auch in Frankreich aufkam, interpretierten die französischen Architekten diese Kunstform auf ihre Weise und errichteten zahlreiche Schlösser im ganzen Land. Das Schloss Ancy-le-Franc blieb das einzige vollständig von Italienern durchgeführte Bauwerk. Der Absolutismus führte dazu, dass der klassizistische Barock in ganz Frankreich bestimmend wurde, um die Macht des Königs zu symbolisieren. Zu den bedeutendsten Bauwerken dieser Zeit zählen der Louvre und Schloss Versailles, diese wurden auch zu vorbildern für Bauwerke im Ausland, etwa Schloss Sanssouci. Der technische Fortschritt ermöglichte es, Gebäude wie das Panthéon zu errichten, das für damalige Verhältnisse sehr wenig Baumaterial im Verhältnis zum umfassten Raum benötigte.

In der Zeit nach der Französischen Revolution herrschte der Klassizismus mit kühler, disziplinierter und eleganter Architektur; Beispiele hierfür sind der Arc de Triomphe oder die Kirche La Madeleine in Paris. 1803 wurde die Académie des Beaux-Arts gegründet, französische Architektur wurde erneut in zahlreichen Ländern imitiert, besonders in den USA, gleichzeitig wurden neue Baumaterialien eingeführt; es entstanden Monumente wie der Eiffelturm oder der Pariser Zentralmarkt Les Halles und man begann mit der Restaurierung von Baudenkmälern.

Zu Beginn des 20. Jahrhunderts kam zunächst der Jugendstil auf, aus dem sich in Frankreich rasch das Art Déco entwickelte. In diesen Stilrichtungen sind zahlreiche Eingänge von Métrostationen in Paris sowie das Théâtre des Champs-Élysées erhalten. Der Internationale Stil, der maßgebend von Le Corbusier mitgetragen wurde, zeichnete sich durch unverzierte geometrische Formen aus, Beispiel ist die Villa Savoye. Nach dem Zweiten Weltkrieg wurden einige prestigeträchtige Bauten in Frankreich erstmals durch Ausländer verwirklicht, wie das Centre Pompidou oder die Pyramide im Louvre. Zu den neuesten architektonischen Errungenschaften Frankreichs gehören schließlich das Institut du monde arabe und die Bibliothèque Nationale François Mitterrand.[71]

## Film

Frankreich gilt als der Geburtsort des Filmes. Im Jahre 1895 veranstalteten die Brüder Lumière in Paris die erste kommerzielle Filmvorführung. Industrielle wie Charles Pathé und Léon Gaumont investierten große Summen in die Technik und Herstellung, so dass französische Unternehmen den Weltmarkt für Filme dominierten; in Paris gab es 1907 bereits mehr als 100 Vorführungshallen, 1920 waren es in Frankreich schon mehr als 4500. Auf Pathé geht auch die bis heute übliche Praxis des Filmverleihs zurück, nachdem er 1907 entschied, Filme nicht mehr als Meterware zu verkaufen.[72] Der Ausbruch des ersten Weltkrieges und der damit verbundenen Flucht zahlreicher Filmschaffender in die USA sowie die Einführung der Tonfilm-Technologie, die in Frankreich zunächst nicht eingeführt wurde, führten dazu, dass der Schwerpunkt der Filmproduktion sich in die USA verlagerte.

Französisches Werbeplakat aus dem Jahr 1896: Beworben wird nicht ein einzelner Film, sondern das Erlebnis der Filmvorführung

Die 1930er Jahre gelten als *Goldenes Zeitalter* des französischen Films. Die Weltwirtschaftskrise bedingten niedrige Budgets, junge Regisseure wie Jean Renoir, René Clair und Marcel Carné und Stars wie Jean Gabin, Pierre Brasseur und Arletty brachten sehr kreative und teils auch sehr politische Werke hervor (Poetischer Realismus). Auch nach Ausbruch des zweiten Weltkrieges florierte der Film; die Vichy-Regierung gründete mit der *Comité d'organisation de l'industrie cinématographique* die Vorläuferorganisation des heutigen CNC. Trotz Mangelwirtschaft, Zensur und Emigration entstanden etwa 220 Filme, die sich vor allem auf die Ästhetik des gezeigten konzentrierten.

Nach 1945 setzt sich die französische Regierung das Ziel, die Filmindustrie wieder aufzubauen. Um die Dominanz des amerikanischen Films zu brechen, werden im Blum-Byrnes-Abkommen Einfuhrquoten festgelegt. Die Internationalen Filmfestspiele von Cannes werden gegründet, eine Zusammenarbeit mit Italien vereinbart und gesetzliche und finanzielle Unterstützungen beschlossen. In den 1950er Jahren wurden vor allem Literaturverfilmungen mit großem Augenmerk auf die Qualität *(cinéma de papa)* produziert, bis 1956 die weibliche Sexualität mit dem Auftauchen eines neuen Stars, Brigitte Bardot, filmfähig gemacht wurde.

Die Nouvelle Vague, die ab dem Ende der 1950er Jahre von einer Generation junger Regisseure wie Jean-Luc Godard, François Truffaut, Jacques Rivette, Claude Chabrol und Louis Malle getragen wird, bringt Anti-Helden auf die Leinwand, thematisiert deren intime Gedanken, macht Filme mit hohem Tempo und offenen Enden. Neue Technik ermöglicht eine neue Ästhetik und erlaubt es Halb-Profis, mit niedrigem Budget Filme zu verwirklichen. Die Kreativität der Nouvelle Vague war international äußerst einflussreich und wurde durch die Einrichtung der *Cinémas d'art et d'essai* noch gefördert. Popularität erlangten auch die Protagonisten zahlreicher Filme der Nouvelle Vague, vor allem Jean-Pierre Léaud und Jean-Paul Belmondo. Das Jahr 1968 brachte auch im französischen Film eine Zäsur, die zu stark politischen Filmen und zu einer stärkeren Präsenz von Frauen im Metier führte. Gleichzeitig setzte sich das Fernsehen durch; dies brachte neue Strukturen bei der Finanzierung und Distribution von Filmen mit sich.

In den 1980er Jahren investierte die neue sozialistische Regierung stark in die Kultur, Budgets für Filmproduktionen stiegen, während gleichzeitig die amerikanische Vorherrschaft bekämpft wurde. Es kam zu aufwändigen Verfilmungen von Literaturklassikern. Parallel kam die Strömung des unpolitischen *cinéma du look* auf, in dem Farben, Formen und Stil die Handlung überdeckten.[73]

## Sport

Anders als in vielen anderen Ländern Europas ist der Fußball in Frankreich bis heute nicht die unangefochtene Nummer 1 unter den Sportarten. Besonders Rugby ist im Südwesten des Landes populärer. Das Interesse am Fußball hängt sehr stark mit der Leistung französischer Mannschaften auf internationaler Ebene zusammen. Als identitätsstiftendes Band gerade zwischen den verschiedenen sozialen und ethnischen Gruppen Frankreichs gilt die französische Fußball-Nationalmannschaft. Die so genannte *équipe tricolore* trägt ihre Heimspiele meist im Stade de France in Saint Denis bei Paris aus.

1998 wurde in Frankreich die Fußball-Weltmeisterschaft ausgetragen. Im Endspiel gegen Brasilien gewann der Gastgeber das Turnier.

Ähnlich populär dem Fußball ist Rugby Union. Gerade in den südlichen und südwestlichen Regionen ist Rugby tatsächlich der weitaus beliebteste Sport. Die höchste Liga ist die Top 14. Das Meisterschaftsendspiel findet jährlich im Stade de France statt. Die Nationalmannschaft, von den Fans „Les Bleus" genannt, was später auch auf die Fußballequipe übertragen wurde, gilt seit Jahrzehnten kontinuierlich als eines der besten Teams der Welt und war bislang bei jeder Weltmeisterschaft mindestens ins Viertelfinale vorgedrungen. Insgesamt wurde sie zweimal Vizeweltmeister und errang einmal den dritten Platz. Nationalstadion ist das Stade de France in St. Denis nahe Paris. Die besten Vereinsmannschaften der letzten Jahre sind Stade Toulousain, das insgesamt 16 Mal die französische Meisterschaft und dreimal den europäischen Heineken Cup gewinnen konnte, der aktuelle Meister Stade Français aus Paris mit 13 Meisterschaftserfolgen und der Meister der beiden Vorjahre Biarritz Olympique mit fünf nationalen Meisterschaftstiteln.

In der Zeit vom 7. September bis zum 20. Oktober 2007 fand erstmals die Rugbyweltmeisterschaft in Frankreich statt und man zählte „Les Bleus" zu den Topfavoriten auf den Titel. Allerdings kamen sie nicht über einen 4. Platz hinaus. Weltmeister wurde Südafrika.

Weitere populäre Sportarten sind der Radsport (insbesondere im Juli, während der dreiwöchigen Tour de France), Leichtathletik, Formel 1 (Großer Preis von Frankreich in *Magny Cours*) und Pétanque (Mondial la Marseille à Pétanque).

Großer Beliebtheit erfreut sich in den vergangenen Jahren auch Tennissport. 1997 und 2003 konnten die Französischen Tennisdamen den Fed Cup gewinnen. Außerdem siegte Mary Pierce im Jahre 2000 bei den French Open.

In Frankreich fanden bereits mehrmals Olympische Spiele statt: Sommerspiele 1900 und 1924 in Paris, Winterspiele in Chamonix 1924, Grenoble 1968 und Albertville 1992.

## Musik

Die französische Musik erreichte mit der Klassik eine erste Blüte und brachte bedeutende Komponisten wie Jean-Baptiste Lully, Marc-Antoine Charpentier (17. Jahrhundert), Jean-Philippe Rameau (18. Jahrhundert), Hector Berlioz, Charles Gounod und Georges Bizet hervor. Die französische klassische Musik galt jedoch als technik- und formenlastig.[74] Den Übergang zur Moderne in gesellschaftspolitischer wie musikalischer Sicht verkörpert Debussy am besten; weiters sind Maurice Ravel und der ebenfalls sehr experimentell arbeitende Erik Satie in dieser Epoche bedeutend.[75] Der Beginn der Avantgarde in der Musik wird besonders durch die Groupe des Six eingeleitet. Hauptfigur der zeitgenössischen Musik ist Pierre Boulez.

Seit dem Beginn des 20. Jahrhunderts befindet sich die populäre Musik im Aufwind. Das bekannteste einheimische Genre ist das Chanson, eine Liedgattung mit starker Konzentration auf den Text. Zu den wichtigsten Künstlern des Chanson zählen Charles Trenet, Édith Piaf, Gilbert Bécaud, Boris Vian, Georges Brassens, Charles Aznavour oder Yves Montand. Ausländische Musikstile finden ihren Widerhall in Frankreich: Nach dem Ende des ersten Weltkrieges begann der Jazz die französische Musik zu beeinflussen, mit Django Reinhardt oder Stéphane Grappelli stellte Frankreich auch bedeutende Künstler des Jazz.

In der Rock- und Popmusik prägten etwa Daft Punk und Étienne de Crécy den *French House*, Gotan Project ist Vorreiter des so genannten Electrotango und St. Germain steht für eine Kombination von Jazz und House. Air wiederum ist ein bekannter Vertreter von Ambient-Musik. Der Rap wurde in Frankreich adaptiert, erfolgreichster Vertreter des Französischen Hip-Hop ist MC Solaar.[74]

Lokal verbreitete Musikstile sind die Bretonische Musik, deren bedeutendster Künstler Alan Stivell ist, oder die Korsische Musik mit Bands wie I Muvrini. Zahlreiche afrikanische und maghrebinische Künstler leben und arbeiten in Frankreich, so gibt es eine lebendige Raï-Szene und zahlreiche Veranstaltungen mit afrikanischer Musik.

Die fünf Musiker, die zwischen 1955 und 2009 die meisten Platten in Frankreich verkauften, sind Claude François, Johnny Hallyday, Sheila, Michel Sardou und Jean-Jacques Goldman.[76]

## Medien

Die wichtigsten französischen Printmedien sind die nationalen Tageszeitungen:

- *Le Figaro* (konservativ, Auflage: 315.400 Exemplare)
- *Le Monde* (linksliberal, Druckauflage 2009-2010, 285.500 Exemplare)
- *Libération* (linksorientiert, 111.700 Exemplare)
- *La Croix (Zeitung)* (katholisch, 95.100 Exemplare)
- *L'Humanité* (kommunistisch, 50.000 Exemplare)
- *Les Échos*, *La Tribune* (Wirtschaft, 120.400 bzw. 68.100 Exemplare)
- *L'Équipe* (Sport, 310.000 Exemplare)

Die wichtigsten Nachrichtenmagazine in Frankreich:

- *Le Nouvel Observateur* (400.000 Exemplare)
- *L'Express* (438.700 Exemplare)
- *Le Point* (407.700 Exemplare)
- *Marianne*

Größte Regionalzeitung ist die *Ouest-France* mit einer Druckauflage von 758.500 Exemplaren.

Bedeutend ist auch das jeweils mittwochs erscheinende Investigations- und Satireblatt *Le Canard enchaîné* mit einer Auflage von 550.000 Exemplaren.[77]

### Fernsehen

Wie in vielen anderen europäischen Ländern besteht auch in Frankreich eine Co-Existenz von öffentlich-rechtlichen und privaten Fernsehsendern. Zur 1992 gegründeten öffentlich-rechtlichen Rundfunkanstalt *France Télévisions* gehören die Sender France 2, France 3, France 4, France 5 und France Ô.

Des Weiteren gibt es mit TV5 und ARTE zwei weitere Sender, an denen *France Télévisions* beteiligt ist. TV5 ist ein französischsprachiges Gemeinschaftsprogramm der Staaten Frankreich, Belgien, dem französischsprachigen Teil Kanadas und der Schweiz. ARTE ist ein deutsch-französischer Sender, der von ARTE France zusammen mit den deutschen Rundfunkanstalten ARD und ZDF betrieben wird. *France Télévisions* ist darüber hinaus an dem Nachrichtensender EuroNews beteiligt.

Der größte Fernsehsender Frankreichs ist der Privatsender TF1, der bis 1987 noch öffentlich-rechtlich war. TF1 ist außerdem alleiniger Gesellschafter des Sportsenders Eurosport. Seit Dezember 2006 sendet der von TF1 und France Télévisions produzierte französische Nachrichtensender France24.

### Social Media

Der Nutzung von *Social Media* kommt eine immer bedeutendere Rolle zu. Die Bruttoreichweite der *Social Networks* betrug per Januar 2011 24,8 Millionen Personen.[78]

### Hörfunk

Dem öffentlich-rechtlichen Radio France steht eine Vielzahl kommerzieller Anbieter gegenüber. Sowohl Radio France als auch die Kommerziellen bieten überregionale und regionale bzw. lokale Dienste an.

### Bibliotheken

Die Bibliotheken sind weitgehend Mediatheken und konnten in den vergangenen 15 Jahren ihre Benutzerzahl verdoppeln (2005: 21 Millionen; 1989: 10,5). Mehr als 40 Prozent der Franzosen über 15 Jahren sind eingeschriebene Bibliotheksgänger und leihen zu 90 Prozent Bücher aus. Im Angebot sind meist auch CDs und DVDs und Internetnutzung. (Quelle: F.A.Z. 6. Juni 2006)

### Feiertage

| 1. Januar | Neujahr |
|---|---|
| 1. Mai | Tag der Arbeit/Maifeiertag |
| 8. Mai | Tag des Sieges (fête de la victoire) |
| 7 Wochen nach Ostern | Pfingstmontag |
| 10 Tage vor Pfingsten | Christi Himmelfahrt (jour de l'Ascension) |
| 14. Juli | Tag des 14. Juli („Fête nationale“) – Jahrestag des Sturms auf die Bastille 1789 |
| 15. August | Maria Himmelfahrt |
| 1. November | Allerheiligen |
| 11. November | Waffenstillstand von Rethondes zur Beendigung des Ersten Weltkrieges |
| 25. Dezember | Weihnachtsfeiertag |

## Siehe auch

- Französische Küche
- Weinbaugebiete in Frankreich
- Nachrichtendienste Frankreichs
- Die schönsten Dörfer Frankreichs

## Literatur


- Alfred Pletsch: *Länderkunde Frankreich.* WBG, Darmstadt 2003, 2. Aufl., ISBN 3-534-11691-7
- Wilfried Loth: *Geschichte Frankreichs im 20. Jahrhundert.* Frankfurt 1995, ISBN 3-596-10860-8
- Wilfried Loth: *Von der 4. zur 5. Republik.* In: Adolf Kimmel/ Henrik Uterwedde (Hrsg.): *Länderbericht Frankreich. Geschichte, Politik, Wirtschaft, Gesellschaft. Lehrbuch* 2. aktualisierte und neu bearbeitete Auflage, VS Verlag, Wiesbaden 2005 ISBN 3-531-14631-9; und Bundeszentrale für politische Bildung, Bonn 2005, ISBN 3-89331-574-8, S. 63–84.
- Bernhard Schmidt, Jürgen Doll, Walther Fekl, Siegfried Loewe und Fritz Taubert: *Frankreich-Lexikon. Schlüsselbegriffe zu Wirtschaft, Gesellschaft, Politik, Geschichte, Kultur, Presse- und Bildungswesen.* 2. überarbeitete und erweiterte Auflage, Schmidt, Berlin 2006, ISBN 3-503-07991-2.
- Ralf Nestmeyer: *Französische Dichter und ihre Häuser.* Insel, Frankfurt 2005, ISBN 3-458-34793-3
- Informationen zur politischen Bildung, Heft 285 *Frankreich* mit Karten, [79] Bonn 2004 (mit Literatur, Internet-Hinweisen)
- Adolf Kimmel/ Henrik Uterwedde (Hrsg.): *Länderbericht Frankreich. Geschichte, Politik, Wirtschaft, Gesellschaft. Lehrbuch.* 2. aktualisierte und neu bearbeitete Auflage, VS Verlag, Wiesbaden 2005 ISBN 3-531-14631-9; und Bundeszentrale für Politische Bildung, Bonn 2005, ISBN 3-89331-574-8

- Karl Stoppel (Hrsg.): *La France. Regards sur un pays voisin. Eine Textsammlung zur Frankreichkunde.* Quellen und Originaltexte, in frz. Sprache, Vokabular. Reclam, Ditzingen 2000; 2. durchges. Aufl., Stuttgart 2008 (RUB 8906 Fremdsprachentexte)
- Ludwig Watzal (Verantw.): *Frankreich*, Themenheft Aus Politik und Zeitgeschichte, Beilage zu „Das Parlament", 38, 2007 (vom 17. September 2007), Hrsg.: Bundeszentrale für politische Bildung BpB, Bonn 2007 (Schwerpunktheft) ISSN 0479-611X [80]
- Robert Picht u. a. Hrsg.: *Fremde Freunde. Deutsche und Franzosen vor dem 21. Jahrhundert* Piper, München 2002 ISBN 3-492-03956-1 (57 Essays von 52 Autoren zu Begriffen der dt.-frz. Geschichte, Politik, Kultur und Wirtschaft, u. a. Hans Manfred Bock, Freimut Duve, Etienne François)

# Weblinks

- Website des französischen Außenministeriums [81]
- Länderinformationen des Auswärtigen Amtes zu Frankreich [82]
- Länderprofil [83] des Statistischen Bundesamtes
- Nationales Fremdenverkehrsamt (dt.) [84]

# Einzelnachweise

[1] Auswärtiges Amt (http://www.auswaertiges-amt.de/diplo/de/Laenderinformationen/01-Laender/Frankreich.html)

[2] Institut National de la Statistique et des Études Économiques: *Bilan démographique 2009* (http://www.insee.fr/fr/themes/document.asp?ref_id=ip1276#inter1)

[3] Institut National de la Statistique et des Études Économiques: *Population totale par sexe et âge au 1er janvier 2010, France métropolitaine* (http://www.insee.fr/fr/themes/detail.asp?reg_id=0&ref_id=bilan-demo&page=donnees-detaillees/bilan-demo/pop_age2.htm)

[4] *Human Development Report 2010 – 20th Anniversary Edition.* (http://hdr.undp.org/en/media/HDR_2010_EN_Complete.pdf) Entwicklungsprogramm der Vereinten Nationen, abgerufen am 23. Februar 2011 (en).

[5] Haensch, Günther und Tümmers, Hans J.: *Frankreich: Politik, Gesellschaft, Wirtschaft.* München 1993, ISBN 3-406-37491-3, S. 234.

[6] Demographische Ergebnisse 2010 (http://www.insee.fr/fr/themes/document.asp?ref_id=ip1332#inter1) 18. Januar 2011 (französisch)

[7] Insee: *Bilan démographique 2009 – Deux pacs pour trois mariages* (http://www.insee.fr/fr/themes/document.asp?ref_id=ip1276), Januar 2010, besucht am 26. Januar 2010

[8] Eurostat: *Taux de fertilité total* (http://epp.eurostat.ec.europa.eu/tgm/table.do?tab=table&init=1&language=fr&pcode=tsdde220&plugin=1), besucht am 26. Januar 2010

[9] Haensch, Günther und Tümmers, Hans J.: *Frankreich: Politik, Gesellschaft, Wirtschaft.* München 1993, ISBN 3-406-37491-3, S. 241.

[10] Haensch, Günther und Tümmers, Hans J.: *Frankreich: Politik, Gesellschaft, Wirtschaft.* München 1993, ISBN 3-406-37491-3, S. 238.

[11] Ernst Ulrich Grosse und Heinz-Helmut Lüger: *Frankreich verstehen*, Darmstadt 1997, S. 173ff.

[12] Insee: *Population selon la nationalité* (http://www.insee.fr/fr/themes/tableau.asp?reg_id=0&ref_id=NATTEF02131), besucht am 26. Januar 2010.

[13] Catherine Borrel, Insee: *Enquêtes annuelles de recensement 2004 et 2005 – Près de 5 millions d'immigrés à la mi-2004* (http://www.insee.fr/fr/themes/document.asp?ref_id=ip1098), besucht am 26. Januar 2010.

[14] Haensch, Günther und Tümmers, Hans J.: *Frankreich: Politik, Gesellschaft, Wirtschaft.* München 1993, ISBN 3-406-37491-3, S. 256ff.

[15] Auswärtiges Amt der Bundesrepublik Deutschland: *Frankreich: Kultur und Bildung* (http://www.auswaertiges-amt.de/diplo/de/Laenderinformationen/Frankreich/Kultur-UndBildungspolitik.html), Stand Oktober 2009, besucht am 20. Januar 2010.

[16] Haensch, Günther und Tümmers, Hans J.: *Frankreich: Politik, Gesellschaft, Wirtschaft.* München 1993, ISBN 3-406-37491-3, S. 247.

[17] Haensch, Günther und Tümmers, Hans J.: *Frankreich: Politik, Gesellschaft, Wirtschaft.* München 1993, ISBN 3-406-37491-3, S. 251.

[18] Text der Verfassung (frz.) auf der Seite legifrance.gouv.fr (http://www.legifrance.gouv.fr/Droit-francais/Constitution/Constitution-du-4-octobre-1958#eztoc2178_0_14_96), abgerufen am 6. Januar 2012

[19] Institut National de la Statistique et des Études Économiques: *Les valeurs en France* (http://www.insee.fr/fr/ffc/docs_ffc/donsoc02k.pdf), 2002/2003, S. 4.

[20] Pew Global Attitudes Project: *Unfavourable Views of Jews and Moslems on the Increase in Europe* (http://pewglobal.org/reports/pdf/262.pdf), 17. September 2008, S. 5.

[21] Französisches Außenministerium: *Der Laizismus in Frankreich* (http://www.ambafrance-at.org/IMG/pdf/Laizismus.pdf), Mai 2007.

[22] siehe Winfried Baumgarts Überblicksdarstellung: *"Das Größere Frankreich". Neue Forschungen über den französischen Imperialismus 1880–1914*, in: Vierteljahrschrift für Sozial- und Wirtschaftsgeschichte Bd. 61.2, 1974, S. 185–198. Gibt's hier online als pdf (http://ubm.opus.hbz-nrw.de/volltexte/2011/2655/pdf/doc.pdf)

[23] Library of Congress – Federal Reserve Division: *Country Profile France* (http://lcweb2.loc.gov/frd/cs/profiles/France.pdf), S. 2–5.

[24] Stephen C. Jett und Lisa Roberts: *Modern World Nations – France*, Philadelphia 2003, ISBN 0-7910-7607-5, S. 35–64.

[25] Haensch, Günther und Tümmers, Hans J.: *Frankreich: Politik, Gesellschaft, Wirtschaft*. München 1993, ISBN 3-406-37491-3, S. 93f.
[26] Haensch, Günther und Tümmers, Hans J.: *Frankreich: Politik, Gesellschaft, Wirtschaft*. München 1993, ISBN 3-406-37491-3, S. 107f.
[27] Haensch, Günther und Tümmers, Hans J.: *Frankreich: Politik, Gesellschaft, Wirtschaft*. München 1993, ISBN 3-406-37491-3, S. 101f.
[28] Haensch, Günther und Tümmers, Hans J.: *Frankreich: Politik, Gesellschaft, Wirtschaft*. München 1993, ISBN 3-406-37491-3, S. 119ff.
[29] Haensch, Günther und Tümmers, Hans J.: *Frankreich: Politik, Gesellschaft, Wirtschaft*. München 1993, ISBN 3-406-37491-3, S. 133ff.
[30] Haensch, Günther und Tümmers, Hans J.: *Frankreich: Politik, Gesellschaft, Wirtschaft*. München 1993, ISBN 3-406-37491-3, S. 104ff.
[31] http://epp.eurostat.ec.europa.eu
[32] zeit.de 17. Januar 2012: Neuigkeiten aus der Krisenzone (http://www.zeit.de/wirtschaft/2012-01/krisenstaaten-europa-uebersicht/komplettansicht)
[33] Bereitstellung der Daten zu Defizit und Verschuldung 2010 (http://epp.eurostat.ec.europa.eu/cache/ITY_PUBLIC/2-21102011-AP/DE/2-21102011-AP-DE.PDF)
[34] http://dejure.org/gesetze/AEU/126.html
[35] Finanzstatistik des Sektors Staat, Haupttabellen (http://epp.eurostat.ec.europa.eu/portal/page/portal/government_finance_statistics/data/main_tables)
[36] Der Fischer Weltalmanach 2010: Zahlen Daten Fakten, Fischer, Frankfurt, 8. September 2009, ISBN 978-3-596-72910-4.
[37] Haensch, Günther und Tümmers, Hans J.: *Frankreich: Politik, Gesellschaft, Wirtschaft*. München 1993, ISBN 3-406-37491-3, S. 146ff.
[38] Claire Demesmay und Andreas Marchetti: *Frankreich ist Frankreich ist Europa - Französische Europa-Politik zwischen Pragmatismus und Tradition.* (http://agkv.sethora.de/fileadmin/user_upload/DGAPana_F_Demesmay-Marchetti.pdf) Forschungsinstitut der Deutschen Gesellschaft für Auswärtige Politik, abgerufen am 11. Oktober 2011.
[39] Gisela Müller-Brandeck-Bocquet: *Sarkozys Europapolitik.* (http://www.eurotopics.net/de/home/presseschau/archiv/magazin/politik-verteilerseite/franzoesische_ratspraesidentschaft_06_2008/artikel_sarkozy_europapolitik_mueller/) Abgerufen am 11. Oktober 2011.
[40] Claire Demesmay und Andreas Marchetti: *Frankreich ist Frankreich ist Europa - Französische Europa-Politik zwischen Pragmatismus und Tradition.* (http://agkv.sethora.de/fileadmin/user_upload/DGAPana_F_Demesmay-Marchetti.pdf) Forschungsinstitut der Deutschen Gesellschaft für Auswärtige Politik, abgerufen am 11. Oktober 2011.
[41] Gisela Müller-Brandeck-Bocquet: *Sarkozys Europapolitik.* (http://www.eurotopics.net/de/home/presseschau/archiv/magazin/politik-verteilerseite/franzoesische_ratspraesidentschaft_06_2008/artikel_sarkozy_europapolitik_mueller/) Abgerufen am 11. Oktober 2011.
[42] Die Presse: *Parlament segnet Frankreichs Rückkehr in die Nato ab* (http://diepresse.com/home/politik/aussenpolitik/461976/index.do) vom 17. März 2009.
[43] France Diplomatie: *Außenpolitische Maßnahmen* (http://www.diplomatie.gouv.fr/de/das-aubenministerium_2/aussenpolitische-massnahmen_316/verteidigung-von-interessen_258.html), besucht am 17. Januar 2010.
[44] The World Factbook (https://www.cia.gov/library/publications/the-world-factbook/geos/fr.html)
[45] Haensch, Günther und Tümmers, Hans J.: *Frankreich: Politik, Gesellschaft, Wirtschaft*. München 1993, ISBN 3-406-37491-3, S. 206.
[46] Haensch, Günther und Tümmers, Hans J.: *Frankreich: Politik, Gesellschaft, Wirtschaft*. München 1993, ISBN 3-406-37491-3, S. 219.
[47] Haensch, Günther und Tümmers, Hans J.: *Frankreich: Politik, Gesellschaft, Wirtschaft*. München 1993, ISBN 3-406-37491-3, S. 215.
[48] Insee: *Département::Définition* (http://www.insee.fr/fr/methodes/default.asp?page=definitions/departement.htm), besucht am 20. Januar 2010.
[49] Insee: *Circonscriptions administratives des régions au 1er janvier* (http://www.insee.fr/fr/themes/tableau.asp?reg_id=99&ref_id=CMRSOS01208), Stand 1. Januar 2009, besucht am 20. Januar 2010.
[50] Insee: *Arrondissement::Définition* (http://www.insee.fr/fr/methodes/default.asp?page=definitions/arrondissement.htm), besucht am 20. Januar 2010.
[51] Haensch, Günther und Tümmers, Hans J.: *Frankreich: Politik, Gesellschaft, Wirtschaft*. München 1993, ISBN 3-406-37491-3, S. 208.
[52] Insee: *Commune::Définition* (http://www.insee.fr/fr/methodes/default.asp?page=definitions/commune.htm), besucht am 20. Januar 2010.
[53] Süddeutsche Zeitung: *Frankreich verkauft Autobahnen für 14,8 Milliarden Euro*, 14. Dezember 2005 (http://www.sueddeutsche.de/wirtschaft/990/346828/text/)
[54] Aéroports de Paris: *Présentation des résultats 2008* (http://www.aeroportsdeparis.fr/ADP/Resources/a389b1e4-907c-4a4e-889c-9aecfd837335-ADPPRESENTATIONRESULTATS2008.pdf), 12. März 2009.
[55] Institut National de la Statistique et des Études Économiques: Montant du salaire minimum interprofessionell de croissance (SMIC) (http://www.insee.fr/fr/indicateur/smic.htm)
[56] Eurostat News Release 63/2006: Regional GDP per inhabitant in the EU 25 (http://epp.eurostat.ec.europa.eu/pls/portal/docs/PAGE/PGP_PRD_CAT_PREREL/PGE_CAT_PREREL_YEAR_2006/PGE_CAT_PREREL_YEAR_2006_MONTH_05/1-18052006-EN-AP.PDF)
[57] The World Factbook: Importe Frankreichs 2009 (https://www.cia.gov/library/publications/the-world-factbook/fields/2087.html?countryName=France&countryCode=fr®ionCode=eu&#fr) (englisch)
[58] The World Factbook: Exporte Frankreichs 2009 (https://www.cia.gov/library/publications/the-world-factbook/fields/2078.html?countryName=France&countryCode=fr®ionCode=eu&#fr) (englisch)
[59] Commissariat général au développement durable: *Chiffres clés de l'énergie, édition 2009* (http://www.statistiques.developpement-durable.gouv.fr/IMG/pdf/Repere_energie_2009_BAT_01-12_cle05161b.pdf), Dezember 2009, S. 2.

[60] Commissariat général au développement durable: *Chiffres clés de l'énergie, édition 2009* (http://www.statistiques.developpement-durable.gouv.fr/IMG/pdf/Repere_energie_2009_BAT_01-12_cle05161b.pdf), Dezember 2009, S. 2, S. 12–14.
[61] Commissariat général au développement durable: *Chiffres clés de l'énergie, édition 2009* (http://www.statistiques.developpement-durable.gouv.fr/IMG/pdf/Repere_energie_2009_BAT_01-12_cle05161b.pdf), Dezember 2009, S. 5, S. 15–18.
[62] Commissariat général au développement durable: *Chiffres clés de l'énergie, édition 2009* (http://www.statistiques.developpement-durable.gouv.fr/IMG/pdf/Repere_energie_2009_BAT_01-12_cle05161b.pdf), Dezember 2009, S. 19–21.
[63] World Nuclear Association – Nuclear Power in France (http://www.world-nuclear.org/info/inf40.html)
[64] Ministère de l'Économie, des Finances et de l'Industrie: *L'energie nucleaire – présentation générale* (http://www.developpement-durable.gouv.fr/energie/nucleair/f1e_nuc.htm), 31. Oktober 2006, besucht am 30. Januar 2010.
[65] Commissariat général au développement durable: *Chiffres clés de l'énergie, édition 2009* (http://www.statistiques.developpement-durable.gouv.fr/IMG/pdf/Repere_energie_2009_BAT_01-12_cle05161b.pdf), Dezember 2009, S. 2, S. 5, S. 23.
[66] Commissariat général au développement durable: *Chiffres clés de l'énergie, édition 2009* (http://www.statistiques.developpement-durable.gouv.fr/IMG/pdf/Repere_energie_2009_BAT_01-12_cle05161b.pdf), Dezember 2009, S. 27.
[67] http://www.stromvergleich.de/stromnachrichten/5016-atomkraftwerke-frankreich-muss-sanieren-25-11-2011
[68] Baedecker, Allianz Reiseführer, Frankreich, 2007, Seite 113
[69] UNESCO: The gastronomic meal of the French (http://www.unesco.org/culture/ich/index.php?lg=en&pg=00011&RL=00437): Inscribed in 2010 on the Representative List of the Intangible Cultural Heritage of Humanity. (englisch)
[70] *Französische Küche zum Weltkulturerbe ernannt* (http://www.zeit.de/lebensart/essen-trinken/2010-11/frankreich-kueche-weltkulturerbe), Zeit Online vom 16. November 2010.
[71] David A. Hanser: *Architecture of France*, Westport 2006, ISBN 0-313-31902-2, S. xxii ff.
[72] Jean-Pierre Jeancolas: *Histoire du cinéma français*, éd. Nathan 2000, ISBN 2-09-190742-1, S. 19.
[73] Jill Forbes und Sue Harris: *Cinema*, in: Nicholas Hewit (Hrsg.): *The Cambridge Companion to modern French culture*, Cambridge 2003, ISBN 0-521-79123-5, S. 319–336.
[74] Colin Nettelbeck: *Music*, in: Nicholas Hewit (Hrsg.): *The Cambridge Companion to modern French culture*, Cambridge 2003, ISBN 0-521-79123-5, S. 272–289.
[75] Memo.fr: *La musique française* (http://www.memo.fr/article.asp?ID=THE_ART_009|site=memo.fr), besucht am 27. August 2010.
[76] Musique-franco.com: *La musique française: artistes connus, histoires et paroles de chansons* (http://www.musique-franco.com/genres_musicaux/la_musique_francaise), besucht am 27. August 2010.
[77] *Association pour le contrôle de la diffusion des médias (OJD)* (http://www.ojd.com/chiffres/section/PPGP?submitted=1§ion=PPGP&famille=1&thema=1&subthema=&search=&go=Lancer+la+recherche)
[78] *Die wichtigsten Social Media Plattformen Frankreichs im Überblick* (http://www.socialmediaschweiz.ch/html/frankreich_social_media.html). Social Media Schweiz. Abgerufen am 22. März 2010.
[79] auch online bei BpB einsehbar, jedoch ohne die Karten und Bilder: BpB (http://www.bpb.de/publikationen/EQDGCG,0,0,Frankreich.html)
[80] http://dispatch.opac.d-nb.de/DB=1.1/CMD?ACT=SRCHA&IKT=8&TRM=0479-611X
[81] http://www.diplomatie.gouv.fr/index.de.html
[82] http://www.diplo.de/Frankreich
[83] http://www.destatis.de/jetspeed/portal/cms/Sites/destatis/Internet/DE/Content/Publikationen/Fachveroeffentlichungen/Laenderprofile/Content75/Frankreich,property=file.pdf
[84] http://de.franceguide.com/

Koordinaten:
[//toolserver.org/~geohack/geohack.php?pagename=Frankreich&language=de¶ms=46.3166666667_N_2.53333333333_E_
46° N, 3° O]

# Gemeinde_(Frankreich)

In Frankreich stellen die **Gemeinden** (frz. *communes*, Sg. *commune*) unterhalb der Regionen und Départements die unterste Ebene der *Collectivités territoriales* (Gebietskörperschaften) dar, vergleichbar den Gemeinden oder politischen Gemeinden in den deutschsprachigen Ländern. Insgesamt gibt es auf französischem Staatsgebiet – inklusive der Gemeinden in den Überseegebieten – 36.782 Gemeinden (Stand: 1. Januar 2009).

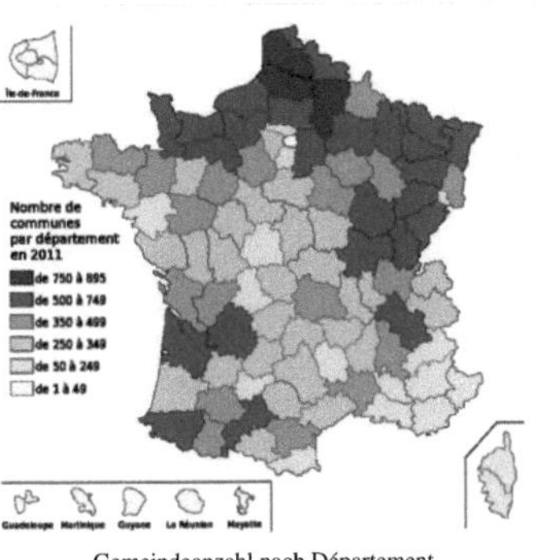

Gemeindeanzahl nach Département

## Territoriale Gliederung

Die Selbstverwaltung der Gemeinden ist unabhängig von den übergeordneten Gebietskörperschaften – den Regionen und Départements – und der administrativen Untergliederung der Départements in Arrondissements und Kantone. Eine Sonderstellung hat die Stadt Paris, die gleichzeitig eine Gemeinde und ein Département ist.

Alle Gemeinden des französischen Mutterlandes sind vollständig Teil einer Region, eines Départements und – mit Ausnahme von Paris – eines Arrondissements des betreffenden Départements. Die Grenzen der Kantone überschneiden sich hingegen teilweise mit denen der Gemeinden. Kleinere Gemeinden sind Teil eines Kantons, größere Gemeinden sind hingegen oft selbst in Kantone unterteilt, die auch benachbarte kleinere Gemeinden ganz oder teilweise mit umfassen können.

Die Gemeinden Paris, Lyon und Marseille sind in *Arrondissements* gegliedert, die die Funktion von Stadtbezirken haben und nicht mit den Arrondissements der Départements zu verwechseln sind.

Neben dem Mutterland und den fünf Überseedépartements sind auch die meisten anderen Überseegebiete in Gemeinden gegliedert. Ausnahmen bilden lediglich Wallis und Futuna, das sich aus drei auf lokalen Traditionen beruhenden Königreichen *(royaumes coutumiers)* zusammensetzt, die ihrerseits in 36 Dörfer gegliedert sind, Saint-Barthélemy und Saint-Martin sowie die Gebiete ohne ständige Einwohner (Französische Süd- und Antarktisgebiete und Clipperton-Insel), die keine lokalen Gebietskörperschaften besitzen.

Insgesamt gibt es auf französischem Staatsgebiet – inklusive der Gemeinden in den Überseegebieten – 36.782 Gemeinden (Stand: 1. Januar 2009), davon 36.570 im europäischen Frankreich, 112 in den Überseedépartements und 100 in den übrigen Überseegebieten. Die Anzahl der selbständigen Gemeinden ist in Frankreich im Vergleich zu anderen Ländern sehr hoch, da in den letzten 200 Jahren keine systematische Gemeindereform stattgefunden hat.

Innerhalb einiger Gemeinden gibt es noch Communes associées (etwa: assoziierte Gemeinden oder Teilgemeinden), insgesamt 730 zum Stand von 2006. Dabei handelt es sich um ehemals selbständige Gemeinden, die noch eine begrenzte Eigenständigkeit innerhalb der neuen Gemeinde haben.

In der statistischen Gebietseinteilung von Eurostat entsprechen die französischen Gemeinden (ebenso wie die deutschen Gemeinden) der Ebene LAU 2. Die Gemeinden sind durch INSEE-Codes eindeutig identifiziert.

## Geschichte

Die Gemeinden entstanden aus den Städten und Kirchspielen des Ancien Régime und wurden 1789 nach der Französischen Revolution institutionalisiert. 1884 erhielten sie durch Gesetz über die Wahl des *conseil municipal* weitgehende Autonomie.

## Organe der Gemeinde

Jede Gemeinde verfügt über einen *Gemeinderat* (*Conseil municipal*), dessen Mitglieder in direkter Wahl gewählt werden. Dieser wählt aus seinen Reihen den *Bürgermeister* (*maire*) und dessen *Beigeordnete* (*adjoints*). Der Bürgermeister ist Träger der Exekutivgewalt, vertritt die Gemeinde nach außen und verwaltet das Budget.

## Gemeindeverbände

Benachbarte Gemeinden können sich zu einem Gemeindeverband zusammenschließen, der in Frankreich je nach Größe und Status als *Communauté urbaine*, *Communauté d'agglomération* oder *Communauté de communes* bezeichnet wird. Im Jahr 2004 gab es in Frankreich 14 *Communautés urbaines* mit zusammen mehr als 6 Millionen Einwohnern, 155 *Communautés d'agglomération* mit zusammen mehr als 19 Millionen Einwohnern und 2.286 *Communautés de communes* mit zusammen fast 24 Millionen Einwohnern.

## Literatur


- Claude Motte u. a.: *Communes d'hier, communes d'aujourd'hui.* INED, Paris 2003, ISBN 2-7332-1028-9.

# Elsass

**Elsass**

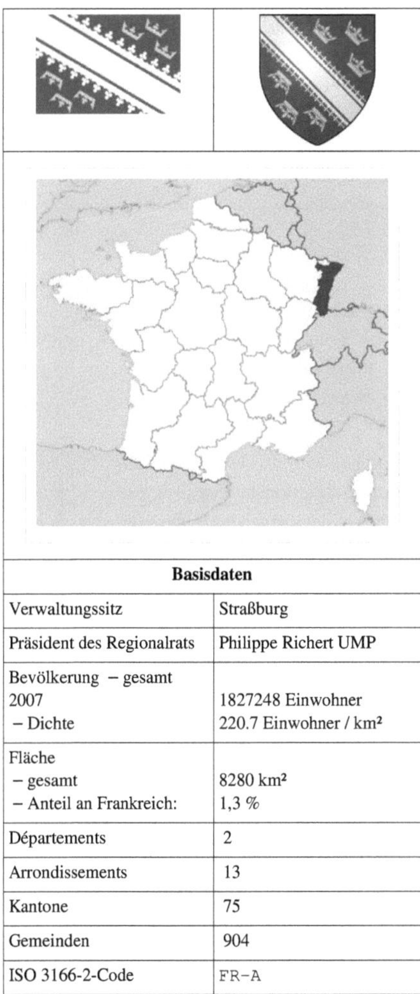

| Basisdaten | |
|---|---|
| Verwaltungssitz | Straßburg |
| Präsident des Regionalrats | Philippe Richert UMP |
| Bevölkerung – gesamt 2007<br>– Dichte | 1827248 Einwohner<br>220.7 Einwohner / km² |
| Fläche<br>– gesamt<br>– Anteil an Frankreich: | <br>8280 km²<br>1,3 % |
| Départements | 2 |
| Arrondissements | 13 |
| Kantone | 75 |
| Gemeinden | 904 |
| ISO 3166-2-Code | FR-A |

Das **Elsass** (in älterer Schreibweise auch *Elsaß*, elsässisch *'s Elsass*, frz. **Alsace** [al'zas]) ist eine Landschaft im Osten Frankreichs. Es erstreckt sich über den westlichen Teil der Oberrheinischen Tiefebene, reicht jedoch im Nordwesten mit dem Krummen Elsass bis auf das lothringische Plateau. Es grenzt im Norden und Osten an Deutschland und im Süden an die Schweiz.

Die französische Verwaltungsregion Elsass (*Région Alsace*) wurde 1973 geschaffen. Sie setzt sich aus den beiden Départements Bas-Rhin und Haut-Rhin zusammen. Ihre Hauptstadt ist Straßburg. Das Elsass ist die flächenmäßig kleinste Region auf dem französischen Festland und hat rund 1,8 Millionen Einwohner.

Der Name Elsass bezeichnet eine bereits im Frühmittelalter bezeugte landschaftliche und politische Entität. Der Name leitet sich möglicherweise von althochdeutsch *ali-saz* (Fremdsitz) oder vom Fluss Ill ab und entstand in der Zeit nach dem Sieg der Franken über die Alemannen im Jahr 496, als das linke Rheinufer zwischen Basel und der Pfalz zum fränkischen Herzogtum wurde.

Landschaftlich wird das Elsass in der Regel als die Gegend zwischen Vogesen und Rhein wahrgenommen. Die politischen Grenzen, die das Elsass definierten, haben sich mehrfach verändert. Historisch bedeutend sind hier vor allem das Herzogtum Elsass (7. und 8. Jahrhundert), die beiden Landgrafschaften des Elsass (12.–17. Jahrhundert) und die französische Provinz Elsass (17.–18. Jahrhundert). Die gegenwärtigen Grenzen der Region Elsass beruhen auf den Grenzziehungen der französischen Revolutionszeit (Départementgrenzen, Krummes Elsass) und des Frankfurter Friedens 1871 (Belfort verlässt das Elsass).

Das Elsass ist bekannt für seine wiederholt (1648/1798, 1871, 1919, 1940, 1944) wechselnde Zugehörigkeit zu Frankreich und zu deutschen Staatsverbänden, sowie für sein Weinbaugebiet.

## Geographie

Die Region Elsass grenzt an die französischen Regionen Franche-Comté im Südwesten und Lothringen im Westen, an Deutschland (im Norden Rheinland-Pfalz, im Osten Baden-Württemberg) und an die Schweiz (Kantone Basel-Stadt, Basel-Landschaft, Solothurn).

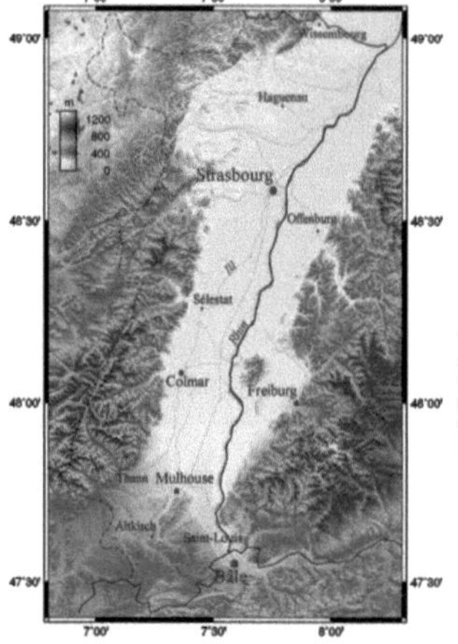

Topografie des Elsass

Mit einer Größe von 8280 km² ist das Elsass die flächenmäßig kleinste Region auf dem französischen Festland. Das heutige Elsass hat eine Nord-Süd-Ausdehnung von 190 Kilometern, während die West-Ost-Ausdehnung nur 50 Kilometer beträgt. Im Osten wird das Elsass durch den Rhein begrenzt, im Westen auf weiten Strecken durch den Hauptkamm der Vogesen. Im Norden markieren Bienwald und Pfälzerwald wichtige Grenzgegenden, im Süden der Nordrand des Jura und im Südwesten, in der offenen Torlandschaft der Burgundischen Pforte, nähert sich die erst auf 1871 zurückgehende, heutige Regionengrenze an die Wasserscheide zwischen Rhône und Rhein an.

Im Elsass finden sich folgende naturräumliche Haupteinheiten:

- Der überwiegende Teil wird von der Elsässischen Ebene (*Plaine d'Alsace*) eingenommen, die mit Breisgau und Ortenau auf der deutschen Seite den südlichen Teil des Oberrheingrabens bildet. Sie wird von der Ill durchflossen und ist vom Getreideanbau geprägt. Es gibt auch große Waldgebiete wie den Hagenauer Forst im Norden und den Harthwald im Süden. Neben weiten Ebenen treten zudem wellige bis hügelige Gegenden auf (beispielsweise Kochersberg nordwestlich Straßburgs, westlicher Sundgau und östliche Burgundische Pforte, Gebiet zwischen Hagenauer Wald und Bienwald).
- Im Westen wird das Landschaftsbild von den Vogesen dominiert, die von den breiten Tälern der Illzuflüsse durchzogen sind. Hier findet man Hochweiden (*Hautes Chaumes*), die sich mit Wäldern abwechseln. Der Große Belchen (*Grand Ballon*) ist mit 1424 m der höchste Gipfel im Elsass und in den Vogesen. In Frankreich werden auch die Gebiete nördlich der Zaberner Senke zu den Vogesen gezählt (*Vosges du Nord*), sie bilden aber eine naturräumliche Einheit mit dem Pfälzerwald.
- Zwischen Ebene und Vogesen vermittelt (analog zum westlichen Schwarzwaldrand) eine schmale Vorbergzone. Typisch für dieses „Piemont der Vogesen" ist der Weinanbau.
- Ganz im Süden hat das Elsass auch noch Anteil am Jura (Pfirter Jura).

## Wappen

Blasonierung: In Rot ein weißer Schrägrechtsbalken mit einem Lilienmäander und drei goldenen Kronen beidseitig nach dem Balken gelegt.

## Geschichte

### Vor- und Frühgeschichte (bis 58/52 v. Chr.)

Storch in Ostheim

Die heutige Region Elsass wurde etwa vor mindestens 700.000 Jahren erstmals von Menschen, vor etwa 50.000 Jahren vom *Homo sapiens* besiedelt. Die neolithische Revolution hielt im 6. Jahrtausend v. Chr. Einzug. Erste Funde, die auf eine politische Oberschicht hindeuten, wurden auf etwa 2000 v. Chr. datiert. Für die etwa 550jährige keltische Zeit, die im Elsass von etwa 600 bis 58/52 v. Chr. dauerte, vermutet man das Vorherrschen kleiner Territorien.

### Römische Zeit (58/52 v. Chr. bis ins 5. Jahrhundert n. Chr.)

Mit der Eroberung Galliens durch Caesar zwischen 58 und 52 v. Chr. kam auch das Elsass zum römischen Herrschaftsgebiet, bei dem es bis zum Ende des Weströmischen Reiches um die Mitte des 5. Jahrhunderts verblieb. In diesen etwa 500 Jahren war der Rhein anfangs und wieder seit dem 3. Jahrhundert römische Reichsgrenze. Es entwickelte sich eine gallorömische Bevölkerung, die seit dem 1. Jahrhundert n. Chr. auch erste germanische Gruppen assimilierte, ebenso wie die seit etwa 350 dauerhaft siedelnden Alamannen. Letztere entwickelten nur im heutigen Sundgau eine Art vorstaatlicher (und vorfränkischer) Eigenständigkeit.

Traditionelle weibliche Kopfbedeckungen im Musée alsacien de Strasbourg

Anfangs standen die eroberten Gebiete unter Militärverwaltung. Im Jahre 89 oder 90 wurde die Provinz Germania superior (Obergermanien) gegründet, zu der auch das heutige Elsass kam. Im Zuge der diokletianischen Reichsreform wurde das südliche Elsass 297 der Provinz Maxima Sequanorum, das nördliche der Provinz Germania prima (Germania I) zugewiesen. Die dabei gezogene Provinzgrenze entspricht weitestgehend den späteren bzw. heutigen Grenzen zwischen Sundgau, Oberelsass und Haut-Rhin auf der einen und Nordgau, Unterelsass und Bas-Rhin auf der anderen Seite.[1]

## Spätantike und Frühmittelalter bis 842

Nach dem Abzug der römischen Truppen um 476 kam das Elsass vermutlich zusammen mit Alemannien unter ostgotisches Protektorat. Bereits etwa 2 Dekaden später, um 496, wurden Elsass und Alemannien Teil des Fränkischen Reiches. Hierin zählte das Elsass zum bis ins 7. Jahrhundert bestehende Herzogtum Alemannien, danach existierte bis zur Mitte des 8. Jahrhunderts unter den Etichonen ein elsässisches Herzogtum.

In der fränkischen Zeit, genauer seit etwa 500, erfolgte eine starke Zuwanderung germanischer Siedler, die die gallorömische Bevölkerung nach und nach überwogen. Seit dieser Zeit ist der Name „Elsass" belegt. Straßburg, seit 614 Bischofssitz, war neben Basel und Speyer die wichtigste Stadt für die Region.

## 842–1254

In der Folge der fränkischen Reichsteilungen wechselte das Elsass zwischen 842 und 925 vier Mal die überregionale politische Zuordnung: 842 zum Mittelfränkischen Reich, 870 zum Ostfrankenreich, 913 zum Westfrankenreich und schließlich 925 wieder zum Ostfrankenreich. Aus diesem wurde langsam der Staatenbund des Heiligen Römischen Reiches, als dessen Teil die meisten der sich entwickelnden elsässischen Regionen und Kleinstaaten bis ins 17. Jahrhundert angesehen wurden. Straßburg entwickelte sich zur zweitgrößten Stadt im Ostfrankenreich (nach Köln).

Wieder beim Ostfrankenreich (925) spielte das Elsass anfangs eine politische Sonderrolle, bildete aber spätestens 988 bis 1254 einen Teil des Herzogtums Schwaben. Zwischen dem Ende des 8. und der Mitte des 10. Jahrhunderts wurden als Verwaltungsbezirke die zwei Grafschaften Nordgau und Sundgau eingerichtet. Dabei wurden die bisher zum Elsass gehörenden Juragegenden (südlich bis zur Aare) abgetrennt.

## 1254–1789

Vor allem durch das Ende der Staufer 1254 und damit verbundenen Quasi-Auflösung ihres Herzogtums Schwaben, aber auch aufgrund des langsamen allgemeinen Zerfalls der Zentralgewalt im Reich, bildeten sich viele verschiedene politische Herrschaften heraus. Diese werden schnell zu den eigentlichen Trägern der wichtigsten politischen Regierungsgewalten. Sie agierten unter dem Dach des Reiches, seit dem 17. Jahrhundert unter dem des Königreichs Frankreich, und waren in sehr unterschiedlichem Maße an das Reich bzw. an Frankreich gebunden. Regionale politische Institutionen sind die Landstände und die Reichskreise, in der französischen Zeit *Intendance*, *Gouverneur* und *Conseil souveraign*.

Zu den wichtigsten Mächten des Elsass dieser Zeit kann man die Fürstenhäuser Habsburg (nur bis 1648), Hanau-Lichtenberg, Württemberg und Rappoltstein, die Stadt Straßburg und die Städte des Zehnstädtebunds, die weltlichen Herrschaften der Bistümer Straßburg und Basel, das Kloster Murbach sowie die Besitzungen der Unterelsässischen Ritterschaft rechnen. Die Reichsstadt Mülhausen (Elsass) schloss sich 1525 als Zugewandter Ort der älteren Schweizer Eidgenossenschaft an und blieb damit eines der wenigen Gebilde ohne französische landesherrliche Rechte (bis 1798).

Zwischen 1633 und 1681 übernahm das Königreich Frankreich nach und nach, teils durch Verträge (de iure), teils durch Annexion (de facto), in den meisten elsässischen Regionen die Landesherrschaft, meist aber nicht die unterhalb der Ebene der Landesherrschaft liegende Rechte. Habsburg hingegen trat im Westfälischen Frieden 1648 seine elsässischen Rechte und Besitzungen *komplett* ab. Die Annexionen (zuletzt Straßburg 1681) führte Frankreich vor allem im Rahmen seiner sogenannten Reunionspolitik durch. Aufgrund der Friedensschlüsse von Rijswijk 1697 und Rastatt 1714 übernahm das Königreich Frankreich nun auch de jure die politische Gewalt in den annektierten Gebieten.

Die neu gewonnenen Gebiete zog Frankreich jedoch nicht zum eigenen Zollgebiet – die französische Zollgrenze verlief weiterhin über die Vogesen. Viele Herrschaften standen nur unter französischer Oberhoheit, manche von ihnen konnten weiterhin mehr oder weniger autonom und selbstverwaltet agieren.

Die Verbindung von einheitlicher Oberherrschaft und dem Verbleib beim überkommenen Zoll- und Wirtschaftsraum waren wichtige Faktoren der kulturellen und wirtschaftlichen Blütezeit, die das Elsass zwischen 1648 und 1789 erlebte. Das Französische verbreitete sich in Europa, und noch deutlich stärker im Elsass, als Verwaltungs-, Handels- und Diplomatensprache innerhalb der städtischen und ländlichen Eliten. Ansonsten blieben die germanischen (und romanischen) elsässischen Dialekte und die deutsche Sprache erhalten; an der Universität Straßburg beispielsweise wurde nach wie vor auf Deutsch gelehrt.

## 1789–1918

Zu Beginn der Französischen Revolution wurden 1789 im Zuge der Vereinheitlichung und Zentralisierung Frankreichs die überkommenen Rechte der elsässischen Herrschaften aufgelöst und die beiden Départements Haut-Rhin und Bas-Rhin gegründet. Seit dem Beitritt Mülhausens zur französischen Republik 1798 war das gesamte heutige Elsass Teil Frankreichs. Der zweite Friede von Paris 1815 legte die bis heute gültigen französischen Außengrenzen fest (Landau und weitere kleinere Gebiete im Nordelsass kamen an Bayern). Wie in anderen nichtfranzösischsprachigen Regionen Frankreichs oder anderen Minderheitenregionen anderer europäischer Staaten wurde die Minderheitensprache vor allem in den Schulen zunehmend durch die Sprache der Mehrheit ergänzt oder von ihr verdrängt.

Als Folge des zwischen Frankreich und Preußen unter Beteiligung der süddeutschen Staaten geführten Krieges 1870–1871 wurden im Frankfurter Frieden von 1871 Teile Ostfrankreichs, der überwiegende Teil der beiden elsässischen Départements und in etwa die Nordhälfte des benachbarten Lothringens, an das 1871 während des Krieges gegründete und von Preußen angeführte Deutsche Kaiserreich abgetreten. Die Grenzziehung erfolgte dabei nicht ausschließlich unter sprachlichen, sondern auch unter militärischen Gesichtspunkten. So wurde im Raum Schirmeck französischsprachiges Gebiet östlich des Vogesenkamms in das Deutsche Reich einbezogen, ebenso ein breiter französischsprachiger Streifen entlang der neuen Grenze in Lothringen mit der Stadt Metz. Das französischsprachige Belfort mit Umgebung (heutiges Territoire de Belfort) blieb hingegen aufgrund von Wünschen des preußischen Militärs (kürzestmögliche Grenzlinie zwischen dem Wasgenwald und Jura) bei Frankreich. Innerhalb des bundesstaatlich organisierten Deutschen Reiches bildeten die abgetretenen Gebiete, die als sogenanntes „Reichsland Elsass-Lothringen“ formiert wurden, kein den anderen Teilstaaten gleichrangiges Gebiet, sondern wurden ähnlich einer Kolonie von Behörden des Reichs und Preußens verwaltet. Erst 1911 wurde Elsass-Lothringen den übrigen deutschen Bundesstaaten gleichgestellt.

Der Frankfurter Friede beinhaltete auch die sogenannte „Option“: Bis zum Oktober 1872 konnten die Einwohner des neuen Landes Elsass-Lothringen entscheiden, ob sie lieber französische Staatsbürger werden sollten (was bedeutete, Elsass-Lothringen verlassen zu müssen). Für etwa ein Zehntel der Bevölkerung Elsass-Lothringens, also circa 161.000 Menschen, wurden Optionen bei den Behörden abgegeben, etwa 50.000 Bürger nahmen sie letztendlich wahr. Französischsprachige Gemeinden und Familien Elsass-Lothringens sahen sich ähnlich wie die polnischsprachigen Regionen Preußens Germanisierungs- und Assimilationsversuchen ausgesetzt. Nur teilweise blieb dort das Französische Schul- und Amtssprache.

## 1918–1940

Nach dem Ersten Weltkrieg wurde das 1871 abgetretene Gebiet wieder Frankreich angegliedert. Das *Territoire de Belfort*, das bis 1871 Teil des nun wieder errichteten Départements *Haut-Rhin* gewesen war, wurde nicht wieder mit diesem vereinigt. Das politische Leben formierte sich weitgehend anhand der Muster aus der Vorkriegszeit. Neben nun zwei liberalen Parteien gründete sich die Zentrumspartei neu als *Union Populaire Républicaine* (UPR).

Von den 1.874.000 Einwohnern Elsass-Lothringens waren 1.634.000 Personen als deutsche Muttersprachler registriert, wobei in „Deutsch-Lothringen" der moselfränkische und im Elsass der alemannische Dialekt vorherrschte. Die sich vor diesem Hintergrund entwickelnden Ideen einer regionalen Autonomie innerhalb Frankreichs hatten jedoch keinen Erfolg: Der 1918 gegründete Elsass-Lothringische Nationalrat löste sich bald wieder auf. Auch das 1919 gebildete Generalkommissariat verlor schnell an Bedeutung. Nach 1924 entstand eine Autonomiebewegung, die zuerst konfessionelle, dann eher kulturelle (auch sprachliche) Autonomie einforderte und 1927 in der Gründung der Autonomistischen Landespartei mündete. Nach dem sogenannten „Komplott-Prozess" von Colmar (die vier Verurteilten wurden nach zwei Monaten begnadigt) entstand das parteiübergreifende Bündnis „Heimatrechtliche Volksfront", deren Vertreter 1929 in Colmar und Straßburg zum Bürgermeister gewählt wurden. Aufgrund der Sympathisierung der Autonomistischen Landespartei mit der NSDAP zerbrach das Bündnis 1933 durch den Austritt der UPR.

Die französische Sprache wurde als verbindliche Amts- und Schulsprache eingeführt. Die reichsdeutschen Beamten und nach 1871 Zugezogene und deren Nachfahren (insgesamt 300.000 Menschen) mussten das Elsass verlassen. Wer die deutsche „Option" ausübte, wurde als preußischer Staatsbürger eingebürgert. Im Gegenzug kehrten viele ältere Menschen zurück, die 1871 nach Frankreich gezogen waren.

## 1940–1945

Mit dem Abschluss des Frankreichfeldzuges 1940 besetzte zunächst die deutsche Wehrmacht das Elsass, unterstellte es der reichsdeutschen Zivilverwaltung und schloss es mit dem Gau Baden zusammen (von da an *Gau Baden-Elsass*). Damit erfolgte eine völkerrechtswidrige Annexion durch das Reich, da es keine Abtretung des Gebietes durch Frankreich gegeben hatte. Robert Wagner, der Gauleiter von Baden und Chef der Zivilverwaltung im Elsass, betrieb unter den Elsässern, gleich welcher Muttersprache, eine gewaltsame „Germanisierung". 45.000 Menschen wurden aus dem Elsass ausgewiesen/vertrieben bzw. deportiert. Von den zwischen 1942 und 1944 etwa 130.000 als „Volksdeutsche" in die Wehrmacht und die Waffen-SS eingezogenen Elsässer und Lothringer kamen etwa 42.500 um. Die meisten dieser im Elsass *Malgré-nous* (sinngemäß: gegen unseren Willen) genannten Soldaten wurden an der Ostfront eingesetzt. Zuvor wurden bereits viele Elsässer von der französischen Armee eingezogen, ein Teil hatte sich dieser freiwillig angeschlossen oder gehörten wenig später dem französischen Widerstand (Résistance) an. 1944 begann der Einmarsch der Alliierten unter Beteiligung der neuformierten französischen 1$^{re}$ Armée; das Elsass war damit bereits 1945 wieder unter französischer Verwaltung.

## Seit 1945

1949 erhielt der neugegründete Europarat seinen Sitz in Straßburg und begründete somit die „europäische Tradition" des Elsass. 1972 erhielt Frankreich als Gebietskörperschaften 21 Regionen (vgl. Regionen Frankreichs). Die beiden Départements am Rhein bilden seitdem die „Region Elsass" (*Région Alsace*). Die Regionshauptstadt Straßburg wurde 1979 zum Tagungsort des europäischen Parlaments gewählt, was das Elsass zusammen mit dem Benelux zu einer Kernregion der Europäischen Union macht. Zunächst tagte das Europäische Parlament im Sitzungssaal („hémicycle") des Europarates, um 1999 in ein eigenes Gebäude zu übersiedeln. Enge wirtschaftliche Verflechtungen zu Nachbarregionen finden sich vor allem innerhalb der Regio Basiliensis.

Erst in den 1980ern stellte die Bundesregierung eine Entschädigung für während der NS-Zeit eingezogene Elsässer zur Verfügung: durchschnittlich etwas mehr als 3000 DM pro Berechtigtem.

Von Kriegsende wurde die elsässische Sprache und Kultur wiederum von offizieller Seite unterdrückt und an den Rand gedrängt, so dass ein großer Teil der Bevölkerung zu Französisch als Standardsprache überging. Durch Strukturwandel weg von der Landwirtschaft, Verstädterung und Einwanderung aus anderen Teilen Frankreichs sowie Italien, Portugal, der Türkei und dem Maghreb veränderte sich außerdem die Zusammensetzung der Bevölkerung.

Amts- und Schulsprache ist Französisch. Kenntnisse der autochthonen alemannischen oder fränkischen Dialekte (zusammengefasst im Begriff Elsässisch oder Elsässerdeutsch, vgl. etwa „Badisch" oder „Schweizerdeutsch") oder des Standarddeutschen sind daher stark rückläufig und überwiegend auf die ältere Generation und die ländlichen Gebiete beschränkt.

# Öffentliche Verwaltung

## Regionalverwaltung

Regionalregierung und Spitze der Regionalverwaltung ist der *Conseil Régional d'Alsace*, der Regionalrat. Sitz des Regionalrats ist Straßburg. Eine Liste der Präsidenten des Regionalrates findet sich hier. Das Elsass ist traditionell bügerlich-konservativ geprägt, seit den Regionalwahlen 2010 ist es die einzige Region, die nicht von einer linken Regierung geführt wird: Die Regierungspartei UMP und ihre Verbündeten stellen 28 Vertreter im Regionalrat, Sozialisten und Grüne 14, der Front national, der hier lange Zeit eine seiner Hochburgen hatte (siehe unten), inzwischen aber hier nur noch durchschnittliche Wahlergebnisse erzielt, 4.

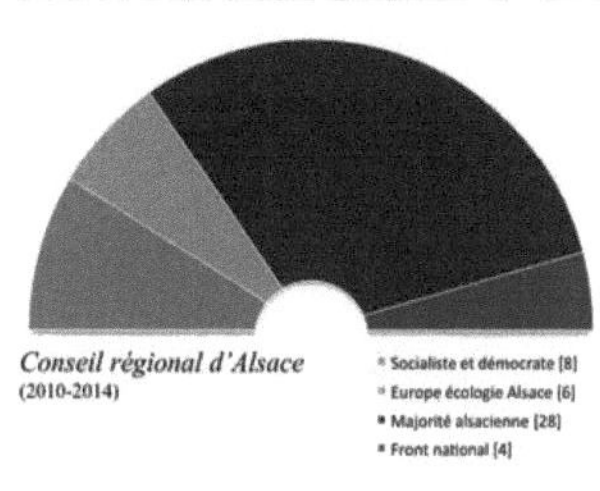


Sitzverteilung im Regionalrat, Periode 2010-14

## Partnerregionen

Der Regionalrat schloss ein „Abkommen zur internationalen Zusammenarbeit" *(Accord de coopération internationale)* mit folgenden Regionen ab:[2]

- Gyeongsangbuk-do, Südkorea
- Niederschlesien, Polen
- Québec, Kanada
- Jiangsu, China
- Oblast Moskau, Russland
- Oberösterreich, Österreich
- Regiunea de dezvoltare Vest, Rumänien

Sitzverteilung im Regionalrat, 2004-10

## Départements

Die *Region Alsace* wird aus den beiden Départements Bas-Rhin (67) und Haut-Rhin (68) gebildet.

| Département | Präfektur | ISO 3166-2 | Arrondissements | Kantone | Gemeinden | Einwohner (Jahr) | Fläche (km²) | Dichte (Einw./km²) |
|---|---|---|---|---|---|---|---|---|
| Bas-Rhin | Straßburg | FR-67 | 7 | 44 | 527 | 1094439 (2009) | 4755 | 230.2 |
| Haut-Rhin | Colmar | FR-68 | 6 | 31 | 377 | 748614 (2009) | 3525 | 212.4 |

## Gemeinden

Das Elsass hat eine hohe Zahl von Gemeinden, da es in Frankreich – anders als in Deutschland oder in der Schweiz – nie zu nennenswerten Gemeindefusionen kam. Viele Gemeinden haben sich lediglich zu einem Gemeindeverband zusammengeschlossen, an den sie aber nur einige Rechte delegiert haben. Je nach Größe und Status werden sie als Communauté urbaine (CU), Communauté d'agglomération (CA) oder Communauté de communes (CC) bezeichnet.

Die Communauté urbaine de Strasbourg ist eine der ersten vier 1966 gegründeten CUs Frankreichs und bis heute die einzige im Elsass. Sie umfasst derzeit 28 Gemeinden mit etwa 453.000 Einwohnern.

Im Elsass gibt es zwei CAs. Die Mulhouse Alsace Agglomération umfasst 32 Gemeinden und 255.000 Bewohner, die Communauté d'agglomération de Colmar 9 Gemeinden und 95.000 Bewohner.

Die 28 Gemeinden der Communauté urbaine de Strasbourg

Das Elsass weist acht Gemeinden mit 20.000 oder mehr Einwohnern auf. Als Großstädte können Straßburg und Mülhausen angesehen werden, da in ihnen jeweils über 100.000 Einwohner registriert sind. Die folgenden Einwohnerzahlen sind auf tausend gerundete Circa-Angaben und beziehen sich auf 2006:

- Straßburg, 273.000
- Mülhausen, 111.000
- Colmar, 66.000
- Haguenau, 35.000
- Schiltigheim, 31.000
- Illkirch-Graffenstaden, 26.000
- Saint-Louis, 20.000
- Sélestat, 20.000

→ Eine Auflistung und Gegenüberstellung französischer und standarddeutscher Versionen elsässischer Ortsnamen findet sich in der Liste deutsch-französischer Ortsnamen im Elsass.

# Kultur

## Sprachen und Dialekte

→ *Siehe auch: Elsässisch, Welche, Grenzorte des alemannischen Dialektraums*

Seit dem Frühmittelalter sind im Elsass germanische Mundarten beheimatet. Sie werden heute unter dem Begriff „Elsässisch" (seltener auch „Elsässerdeutsch") zusammengefasst. Unter diesen herrschen alemannische Dialekte vor, überwiegend Oberrheinalemannisch, ganz im Süden auch Hochalemannisch. Fränkische Dialekte werden ganz im Norden um Weißenburg und Lauterburg und im nordwestlichen Zipfel des Krummen Elsass um Saar-Union gesprochen (Rheinfränkisch). Die Anwendung einer germanischen Standardsprache hing von politischen Gegebenheiten ab.

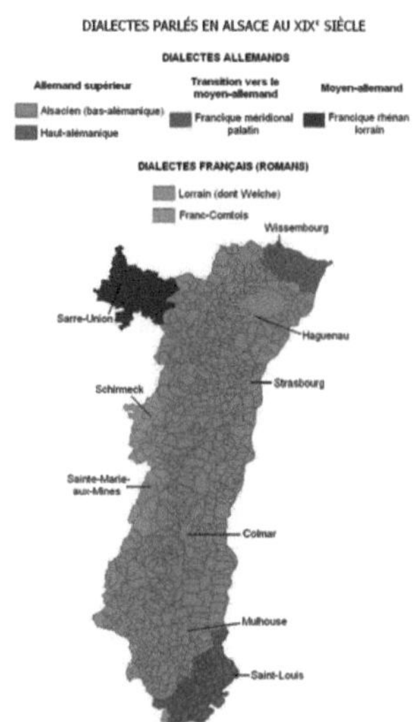


Die germanischen und romanischen Dialektgruppen in der Region Elsass im 19. Jahrhundert

Im Frühmittelalter wurde jedoch nicht das ganze heutige Elsass sprachlich germanisiert: romanische Dialekte (Patois) bzw. die französische Sprache sind daher bereits traditionell in manchen Gebieten der Vogesen (oberes Breuschtal, Teile des Weilertals, um Ste.-Marie-aux-Mines und um Lapoutroie) und im westlichen Sundgau (um Montreux) verankert *(siehe Romanische Dialekte im Elsass und Grenzorte des alemannischen Dialektraums)*. Auch das heutige Territoire de Belfort, das bis 1648 bzw. 1789 Teil des habsburgischen bzw. königlich-französischen Sundgau war und erst 1871 vom Département Haut-Rhin abgetrennt wurde, ist traditionell romanisch- bzw. französischsprachig.

Das Französische gewann vor allem zwischen dem 16. und 20. Jahrhundert sukzessive an Gewicht. Das hängt vor allem mit der politischen Geschichte zusammen, aber auch partiell mit dem Ansehen, den das Französische vor allem in der Frühen Neuzeit europaweit in Adel und gehobenem Bürgertum genoss.

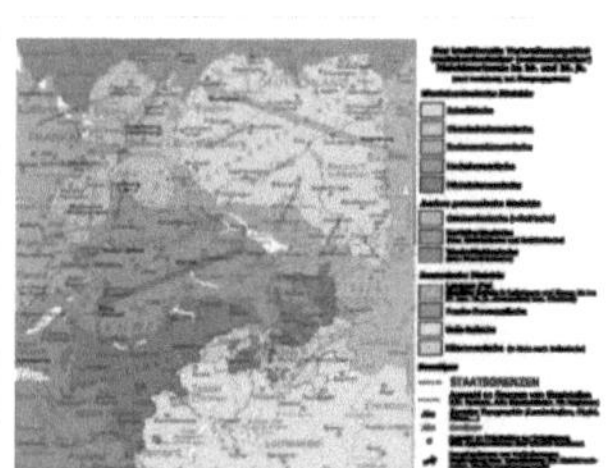

Das traditionelle Verbreitungsgebiet westoberdeutscher (=alemannischer) Dialektmerkmale im 19. und 20. Jahrhundert. Das Elsass liegt in dessen nordwestlichem Teil

Nach der Eroberung durch französische Truppen 1639–1681 kam das Französische beispielsweise mit den königlichen Verwaltungsbeamten sowie Einwanderern und Händlern aus Zentralfrankreich ins Elsass. Die überwiegenden Bevölkerungskreise verwendeten weiterhin Deutsch bzw. ihren jeweiligen germanischen oder romanischen Dialekt.

Das Französische verbreitete sich in Europa, und noch deutlich stärker im Elsass, als Verwaltungs-, Handels- und Diplomatensprache innerhalb der städtischen und ländlichen Eliten. Ansonsten blieben die germanischen (und romanischen) elsässischen Dialekte und die deutsche Sprache erhalten; an der Universität Straßburg beispielsweise wurde nach wie vor auf Deutsch gelehrt.

Nach der Französischen Revolution änderte sich die Sprachpolitik des französischen Staates, der nun für Frankreich sprachliche Einheit propagierte. Darüber hinaus fand Französisch vor allem in diejenigen Bevölkerungskreise Eingang, die mit den Ideen der Revolution sympathisierten. Deutsch bzw. die deutschen Dialekte waren nun Teil einer Entwicklung zu partieller Zweisprachigkeit. In den Gegenden des Patois setzte sich aufgrund des Schulunterrichts das Französische durch. Wie in anderen nichtfranzösischsprachigen Regionen Frankreichs oder anderen Minderheitenregionen anderer europäischer Staaten wurde die Minderheitensprache vor allem in den Schulen zunehmend durch die Sprache der Mehrheit ergänzt oder von ihr verdrängt.

Die *Fontaine de Janus*, von Tomi Ungerer 1988 zur 2000-Jahr-Feier Straßburgs entworfen, soll die „Doppelkultur" der Stadt illustrieren

Während der Zugehörigkeit zum Deutschen Kaiserreich (Reichsland Elsass-Lothringen, 1871–1918) wurde die „Sprachenfrage" in einem Gesetz vom März 1872 zunächst so geregelt, dass als Amtssprache grundsätzlich Deutsch bestimmt wurde. In den Landesteilen mit überwiegend französischsprachiger Bevölkerung sollte den öffentlichen Bekanntmachungen und Erlassen jedoch eine französische Übersetzung beigefügt werden. In einem weiteren Gesetz von 1873 wurde für diejenigen Verwaltungseinheiten, in denen Französisch ganz oder teilweise vorherrschte, der Gebrauch des Französischen als Geschäftssprache zugelassen. In einem Gesetz über das Unterrichtswesen von 1873 wurde geregelt, dass in den deutschsprachigen Gebieten Deutsch ausschließliche Schulsprache war, während in den französischsprachigen Gebieten der Unterricht ausschließlich auf Französisch gehalten werden sollte. Französischsprachige Gemeinden und Familien Elsass-Lothringens sahen sich ähnlich wie die polnischsprachigen Regionen Preußens insgesamt jedoch Germanisierungs- und Assimilationsversuchen ausgesetzt. Nur teilweise blieb dort das Französische Schul- und Amtssprache.

französische und deutsche Aufschrift auf dem Gebäude der Zunftstube der Ackerleute in Colmar

Die französische Sprachpolitik zwischen 1918 und 1940 war streng gegen die deutsche Sprache bzw. den Elsässischen Dialekt ausgerichtet. Die französische Sprache wurde als verbindliche Amts- und Schulsprache eingeführt. In Schule und Verwaltung wurde ausschließlich Französisch zugelassen, zeitweise wurde bei Strafe verboten, Deutsch bzw. Dialekt zu sprechen. Seit den Wahlen vom November 1919 und bis Anfang 2008 war es jedoch den Kandidaten aus den drei elsass-lothringischen Départements Haut-Rhin, Bas-Rhin und Moselle gestattet, Wahlkampfschriften in beiden Sprachen, Französisch und fakultativ auch Deutsch, zu verbreiten.[3]

Während der Besetzung durch das nationalsozialistische Regime Deutschlands zwischen 1940 und 1944 erlebte das Elsass erneut eine Steigerung an restriktiver Sprachpolitik. Diese war rücksichtslos an die NS-Ideologie angepasst. Die Umwandlung von französischen Vornamen in deutsche gehört sicherlich zu den harmloseren, aber typischen Beispielen. Die Politik der NSDAP und der von ihr beherrschten Zivilverwaltung (Unterdrückung der Bevölkerung, Germanisierungspolitik, groteske antifranzösische Kulturpolitik, Einzug in die Wehrmacht u. a.) förderte nachhaltig die Hinwendung des Elsass an Frankreich.

Nach dem Zweiten Weltkrieg wurde Französisch zur Verkehrs-, Amts- und Schulsprache. Kenntnisse bzw. vor allem aktiver Gebrauch der autochthonen alemannischen oder fränkischen Dialekte (zusammengefasst im Begriff Elsässisch) oder des Standarddeutschen sind daher stark rückläufig und zunehmend auf die ältere Generation beschränkt.

Die französische Sprachpolitik der Vorkriegszeit setzte sich im Prinzip fort, allerdings verstärkt durch die Komplexe in Verbindung mit der Besetzung Frankreichs und dem Terror der nationalsozialistischen deutschen Annexion. Die älteren Generationen kommunizierten weiterhin in elsässischen Dialekten, während die *Transmission*, die Weitergabe an die Folgegenerationen, mehr und mehr nachließ - vor allem in der Sorge, dass die Kinder „gutes Französisch" lernen mussten. Die jüngeren Generationen, insbesondere in den größeren Städten, benutzen entsprechend ihrer Schulbildung mehr und mehr die französische Sprache.[4] In den Schulen wird Deutsch überwiegend als Fremdsprache unterrichtet. Bilinguale Schulen, in denen der Unterricht teilweise auf Deutsch gehalten wird, wurden im September 2003 von 13.000 Schülern besucht. Während es im statistisch stark erforschten Frankreich keine offiziellen Erhebungen über *Privates*, wie auch die Muttersprache gibt, zeigen Umfragen, dass selbst im dritten Jahrtausend noch mehr als die Hälfte der Bevölkerung sich selbst Fähigkeiten im regionalen Dialekt zuschreibt. Wie das in Straßburg ansässige Office pour la Langue et Culture d'Alsace (OLCA, „Amt für Sprache und Kultur im Elsass") angibt, bezeichneten sich noch 2001 61 % (1997: 63 %) der Befragten einer Studie als „dialektsprachig" - das entspräche etwa 1,2 Millionen Einwohnern. Am stärksten finden sich diese hauptsächlichen Muttersprachler im ländlichen Raum, in Dörfern, in geringerem Umfang aber auch in den Städten. Selbst unter den 18- bis 29-Jährigen fanden sich 1997 noch 38 % Elsässischsprecher.[5]

Unter dem Motto *E Friehjohr fer unseri Sproch* finden sich seit 2001 Theater- und Musikgruppen, Mundartdichter, Heimatvereine und Sprachpfleger zusammen, um Werbung für den Erhalt des Elsässischen zu machen. Zudem subventioniert der Regionalrat elsässische Sprachkurse. France 3 Alsace sendet von Montag bis Freitag die Nachrichtensendung „Rund Um", in der ausschließlich Elsässisch gesprochen wird. Eine Gefahr besteht in der Folklorisierung der Dialekte, eine Tendenz, die aber auch in deutschsprachigen Ländern beobachtet werden kann. Das Verschwinden des Deutschen bzw. der deutschen Dialekte ist Thema mancher bekannter Schriftsteller geworden (René Schickele, André Weckmann, Hans Arp u. a.).

In der politischen Debatte um den Erhalt des Deutschen ist eine eindeutige Präferenz zugunsten der Dialekte und zu Ungunsten des Standarddeutschen gesetzt worden. Man orientiert sich also weniger an der Schweiz, wo Mundart und zugehörige Standardsprache nebeneinander existieren (Diglossie), sondern mehr an Sprachmodellen wie Luxemburg, wo der Dialekt gegenüber der zugehörigen Standardsprache höher bewertet wird und sogar zur Schriftsprache ausgebaut wird. So hat man sich beispielsweise in Straßburg im Zusammenhang mit der Dokumentation von deutschen Straßennamen auf Straßenschildern nach langer Diskussion nicht für Standarddeutsch, sondern für die Straßburger Mundart entschieden. Das Problem bei der Höherbewertung der Dialekte gegenüber der zugehörigen Standardsprache ist, dass auch im Elsass Mundarten regional und sozial starke Unterschiede aufweisen. Ein Überleben der Dialekte hängt dann möglicherweise auch davon ab, inwiefern ein „Standardelsässisch" (analog beispielsweise zum „Standardschweizerdeutsch") etabliert ist oder etabliert werden kann.

Seit Beginn der 1990er Jahre steigt allerdings kontinuierlich die Anzahl der Schüler, die bilinguale Schulen bzw. Kindergärten besuchen.[6]

Die 1992 von der französischen Regierung unterzeichnete Europäische Charta der Regional- oder Minderheitensprachen wurde bis heute (Stand: 2009) nicht vom französischen Parlament ratifiziert und besitzt daher weiterhin keine gesetzliche Geltung in Frankreich.

Deutsch wird im Elsass heute (Stand 2010) von 48,1 % der Kinder in der Vorschule und 91,1 % der Kinder in der Grundschule als Fremdsprache gelernt. In der Mittelstufe sind es noch 73,2 %, im Gymnasium dann 15,4 %. Dies sind alles Werte weit über dem französischen Durchschnitt. Auch werden ein Viertel aller AbiBac-Abschlüsse in Frankreich im Elsass gemacht. Dennoch ist aus Sicht des Schulamts die Erfolgsbilanz durchwachsen. Zwar steigen 10 % der Kindergartenschüler in einen paritätischen Deutschunterricht ein, aber von den anfänglichen 19.000 Schülern sind im Collège nur noch 3500 übrig. Im Gymnasium sind es nur noch unter 1000 Schüler. Zudem besteht ein Lehrermangel, den man durch Kooperationen mit deutschen Schulen bekämpfen will. Insgesamt ist eine Investition von einer Million Euro zur Förderung des deutschsprachigen Unterrichts vorgesehen. Zu den Bemühungen gehört auch eine Werbekampagne für die deutsche Sprache. Die Politik unterstützt dies, da nur noch rund 1 % der Erstklässler Elsässisch beherrschten und sich die Elsässer seit 2005 auf 10.000 Stellen nicht mehr bewerben könnten, weil es an Sprachkenntnissen mangele.[7]

## Religionen

Das Elsass wurde im 5. Jahrhundert christianisiert und brachte im Mittelalter eine Reihe bedeutender Kirchen und Klöster hervor. In der Reformation spielte das Elsass durch Persönlichkeiten wie Martin Bucer eine große Rolle, jedoch blieb bis auf einige Reichsstädte wie Straßburg der größte Teil des Gebietes katholisch.

Die christlichen Konfessionen im Elsass haben sich bis heute ihre historisch bedingte Bindung an den Staat bewahrt. So bekommen die Gemeinden – anders als im übrigen Frankreich, wo 1905 die Trennung von Staat und Kirche vollzogen wurde – immer noch aufgrund der napoleonischen sogenannten Organischen Artikel Zuschüsse zu der Pfarrerbesoldung vom Staat als Staatsleistung. Die Protestantische Kirche Augsburgischen Bekenntnisses von Elsass und Lothringen gehört mit der Reformierten Kirche von Elsass und Lothringen zu der eigenständigen Union Protestantischer Kirchen von Elsass und Lothringen. Der gleiche Status, der damit den Zustand des napoleonischen Konkordats von 1801 wiedergibt, gilt für die Elsässer Gemeinden der Römisch-katholischen Kirche in Frankreich.

Insgesamt sind im Elsass etwa 70 % der Bevölkerung katholisch, 12 % protestantisch und 5 % gehören anderen Religionen an. Traditionell waren die jüdischen Gemeinden stark vertreten; in den Jahren 1940-44 wurden viele elsässische Juden deportiert und ermordet, seit den 1960er Jahren siedelten sich vor allem in Straßburg viele sephardische Juden aus Nordafrika an, die die Gemeinde neu belebten. Inzwischen sind auch Muslime hier stark vertreten, insbesondere durch Einwanderer aus der Türkei und dem Maghreb. Damit ist das Elsass der "religiöseste Teil Frankreichs". [8]

## Essen und Trinken

Das Elsass ist für einige kulinarische Spezialitäten bekannt. Zu diesen gehören unter anderem:

*Choucroute garnie*

Baeckeoffe-Eintopf

- Flammkuchen (tarte flambée) (elsässisch: „Flammekuech“ – „ue“: üe oder ö gespr.)
- Gugelhupf (Hefe-Napfkuchen) (im Elsass: Kugelhopf; els.: „Köjelhopf“, frz. oft „Kouglof“)
- Choucroute (Sauerkraut) (els.: „Sürkrüt“)
- Baeckeoffe (= „Bäckerofen“: Eintopf aus Fleisch, Kartoffeln und Lauch, *das* elsässische Hauptgericht)
- Bredele („Brötlein“: Butterplätzchen mit Zimt und Nüssen)
- Mignardises (süße Törtchen)
- Friands (süße Teigpasteten)
- Crémant d'Alsace (elsässischer Schaumwein)
- Tarte aux pommes (Elsässer Apfelkuchen)
- Tarte aux quetsches (Zwetschgentorte) (els.: "Zwatschgawaia")
- Galettes de pommes de terre (kleine Kartoffelpfannkuchen) (els.: „Grumbeerekiechle“, wörtlich „Grundbirnenküchlein“. Auch in einigen Gegenden von Baden-Württemberg und Rheinland-Pfalz sagt man „Krummbeere“ für „Kartoffel“)
- Quiche Lorraine (Lothringer Specktorte)
- Tarte à l'oignon (Elsässer Zwiebelkuchen) (els.: „Zwiwwelkuech“)
- Coq au vin (unter Verwendung von Elsässer Riesling)
- Foie gras (Pastete aus der Leber gestopfter Gänse oder Enten)

- Munster (intensiv schmeckender, cremiger Käse mit rötlicher Rinde) (els.: „Minschterkas“)

Flammeküech mit Zwiebeln und Speck

### Identität und Fremdenfeindlichkeit

Sowohl in einigen Dörfern und Kleinstädten wie den oberelsässischen Illzach und Wittenheim als auch in manchen suburban geprägten Vorstädten bspw. Straßburgs mit einem hohen Anteil an Zuwanderern protestiert ein Teil der einheimischen Bevölkerung gegen die Einwanderung von Menschen aus anderen Kulturkreisen mithilfe des Stimmzettels. Der fremdenfeindliche Front National (FN), in dessen Programmatik das Thema Einwanderung breiten Raum einnimmt, erhält daher regelmäßig überproportionale Wählerzustimmung.

Der Zulauf zu den rechtsextremen Parteien FN und Alsace d'abord („Elsass zuerst“) wird von Beobachtern auch mit dem faktischen Verlust des Dialektes und der zugehörigen Standardsprache sowie mit der eigenständigen historischen Entwicklung der Region zwischen Frankreich und Deutschland in Zusammenhang gebracht. Diese Verlusterfahrung führe neben vielen anderen Gründen zu Identitätsverlust und Minderwertigkeitsgefühlen sowie, daraus erwachsend, zu Angst und Fremdenfeindlichkeit.[9]

## Wirtschaft

Mit einem Bruttoinlandsprodukt (BIP) von 28.470 Euro pro Einwohner steht das Elsass an zweiter Stelle aller Regionen in Frankreich. Im Vergleich mit dem BIP der EU ausgedrückt in Kaufkraftstandards erreicht die Region einen Index von 107,2 (EU-25: 100) (2003).[10]

Das Elsass ist eine Region, in der viele Wirtschaftszweige ansässig sind:

- Weinanbau (vor allem in der Gegend zwischen Schlettstadt und Colmar an der Elsässer Weinstraße). Siehe hierzu den Artikel Elsass (Weinbaugebiet).
- Hopfenanbau und Bierbrauerei; die Hälfte der französischen Bierproduktion kommt aus dem Elsass, vor allem aus der Gegend von Straßburg wie Schiltigheim und Obernai. Kronenbourg wird seit 1664 in Straßburg gebraut, der Name des Biers leitet sich ab von der Kronenburg bei Marlenheim.

Weinanbau bei Sigolsheim nördlich von Colmar

- Forstwirtschaft
- Automobilindustrie (Mülhausen (Elsass))
- Chemieindustrie (Ottmarsheim), Erdölraffinerie (Reichstett)
- Biotechnologie im grenzübergreifenden Netzwerk BioValley, dem in Europa führenden Zentrum dieser Art
- Tourismus
- sowie weitere Industrie- und Dienstleistungsbereiche.

Das Elsass ist wirtschaftlich stark international ausgerichtet: an etwa 35 % der Unternehmen im Elsass sind Firmen aus Deutschland, der Schweiz, den USA, Japan und Skandinavien beteiligt.

Im Jahr 2002 kamen rund 38,5 % der elsässischen Importe aus Deutschland. Bisher von hohen Arbeitslosenzahlen verschont geblieben, hat sich dies mittlerweile geändert und durch die Krise auf dem Arbeitsmarkt stiegen die Zahlen stark an (+20 % zwischen März 2002 und März 2003 auf 6,8 %). Verursacht wurde dies vor allem durch die wirtschaftlichen Probleme der Industriebetriebe, die 26 % der Elsässer beschäftigen. Die elsässische Wirtschaft versucht sich daher umzuorientieren und neue Arbeitsfelder auf dem Dienstleistungssektor und in der Forschung zu erschließen.

Im Bergbau, der ein Jahrhundert lang rund 560 Millionen Tonnen Kalisalz gefördert hat, arbeiteten noch im Jahr 1950 etwa 13.000 Beschäftigte im Kalirevier. Heute ist der Bergbau nur noch Thema eines Museums bei Wittelsheim.

Das Elsass ist eines der größten europäischen Anbaugebiete für Weißkohl, der zu Sauerkraut weiter verarbeitet wird.

Seit dem Mittelalter spielte auch der Flachsanbau und die Leinenweberei insbesondere in der Gegend um Colmar eine große Rolle. Ein typisch elsässisches Leinengewebe ist der karierte Kelsch.

# Sport

## Fußball

Die Fußballer von Racing Straßburg spielten viele Jahre in der Ligue 1, der höchsten Spielklasse im französischen Fußball, und gehörten dort Ende der 1970er Jahren sogar zu den Spitzenmannschaften. Heute (Saison 2011/12) spielt Racing jedoch nur noch in der fünften Liga, während SR Colmar als aktuell erfolgreichster elsässischer Verein in Frankreichs dritter Liga antritt. Wie Racing hat auch FC Mulhouse erstklassig gespielt. Heutzutage spielen sie in der vierten Liga. Die meisten Vereine im Elsass haben, aufgrund dessen wechselhafter Geschichte, ihre Wurzeln in deutschen Vorgängerklubs. So zum Beispiel wurde Racing Straßburg 1906 als *FC Neudorf* gegründet.

# Verkehr

## Straßennetz

Die wichtigste Straßenverbindung im Elsass ist die mautfreie Autobahn A 35, sie ist die Nord-Süd-Verbindung von Lauterbourg (dt. *Lauterburg*) bis St. Louis bei Basel. Südlich von Straßburg verläuft die A 35 auf einer kurzen Strecke als Nationalstraße, wobei geplant ist, diese Lücke zu schließen.

Die A 35 an der Ausfahrt Bartenheim (35), Richtung Mulhouse

Die vielbefahrene A 4 führt von Straßburg nach Zabern (frz. Saverne) und weiter bis Paris. Sie ist ab der Mautstelle bei Hochfelden (20 km nordwestlich von Straßburg) mautpflichtig. Die A 36 führt von der deutschen A 5 vom Autobahndreieck Neuenburg aus nach Westen in Richtung Paris/Lyon und wird ab der Mautstelle bei Burnhaupt mautpflichtig.

In den 1970er und 1980er Jahren wurden die Autobahnen in Transitstrecken und in Ausfallstraßen für die großen Ballungsgebiete umgewandelt. Seitdem fließt der Durchgangsverkehr in 2 bis 3 Fahrspuren in 1 km Entfernung um Straßburg und in 1,5 km Entfernung um Mülhausen herum. Die hohe Verkehrsdichte verursacht starke Umweltbelastungen, das gilt vor allem auf der A 35 bei Straßburg mit 170.000 Fahrzeugen pro Tag (Stand: 2002). Auch der starke Stadtverkehr auf der A 36 bei Mülhausen hat regelmäßig Verkehrsbehinderungen zur Folge. Dies konnte nur vorübergehend durch den Ausbau auf drei Fahrspuren pro Richtung vermindert werden.

Um den Nord-Süd-Durchgangsverkehr aufzunehmen und Straßburg zu entlasten, plant man eine neue Autobahntrasse westlich der Stadt. Diese Trasse soll das Autobahndreieck bei Hœrdt im Norden mit Innenheim im Süden verbinden. Die Eröffnung ist auf Ende 2011 angesetzt. Man erwartet dann ein Verkehrsaufkommen von

41.000 Fahrzeugen pro Tag. Der Nutzen ist jedoch umstritten, nach einigen Schätzungen wird die neue Trasse nur 10 % des Verkehrsaufkommens der A 35 bei Straßburg aufnehmen.

Hinzu kommt wegen der Einführung der Lkw-Maut in Deutschland 2005 eine erhebliche Zunahme des zuvor über die deutsche A 5 gefahrenen Lastverkehrs auf die parallel verlaufende und mautfreie elsässische Autobahn. Daher forderte Anfang 2005 Adrien Zeller, der Präsident der *Région Alsace*, die Ausweitung des deutschen Mautsystems Toll Collect auf die elsässische Strecke.

## Schienennetz

Im Elsass besteht ein Schienennetz, das sowohl an den Hochgeschwindigkeits- als auch an den Regionalverkehr angeschlossen ist. Straßenbahnen *(Trams)* finden sich in Straßburg (Straßenbahn Straßburg) und Mulhouse (Straßenbahn Mülhausen).

Umsteigeplatz der Straßenbahn Straßburg auf der *Place de l'Homme de Fer*

Im Elsass (und im lothringischen Département Moselle) benutzen die Züge bei zweigleisigen Eisenbahnstrecken entgegen der sonst in Frankreich gültigen Regel das rechte Richtungsgleis.

Der Vogesentunnel von Sainte-Marie-aux-Mines (Markirch) nach Saint-Dié war bis 1973 ein Eisenbahntunnel. Seit 1976 ist er als Mautstrecke dem Straßenverkehr vorbehalten. Der Tunnel war von 2004 bis 2008 zur Erweiterung der Sicherheitsvorrichtungen gesperrt und wurde am 1. Oktober 2008 wiedereröffnet.

Von 2007 bis 2009 war Straßburg Endpunkt des Nachfolgers des legendären Orient-Express. Der Orient-Express war zwischenzeitlich eine normale Nachtzugverbindung der ÖBB (Österreichische Bundesbahnen) zwischen Straßburg und Wien über Stuttgart, München und Salzburg und wurde Ende 2009 eingestellt.

Projekte:

- die LGV Est européenne von Paris nach Straßburg (im Juni 2007 fertiggestellt) und weiter nach Stuttgart bzw. München, sowie mit Abzweig über Saarbrücken nach Frankfurt.
- die LGV Rhin-Rhône von Dijon nach Mülhausen (seit 2006 in Bau)
- eine Verbindung mit dem deutschen ICE über Kehl nach Frankfurt, zunächst nur täglich ein TVG nach Frankfurt ab 23. März 2012.
- die Stadtbahnen von Mülhausen (im Bau) und Straßburg (2011).

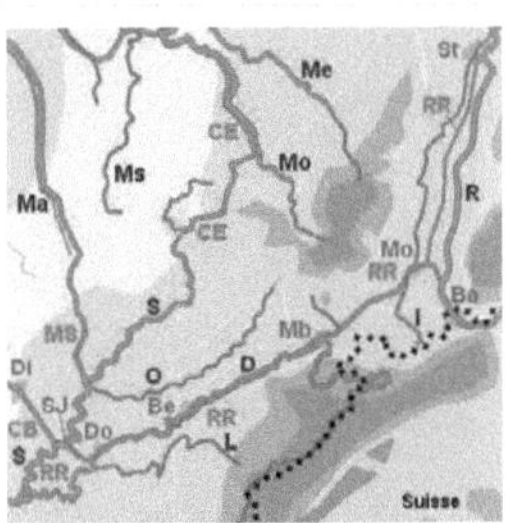


Verlauf des Canal du Rhône au Rhin (RR)

## Wasserstraßen

In den elsässischen Häfen werden über 15 Millionen Tonnen Güter umgeschlagen. Drei Viertel davon entfallen auf Straßburg, das den zweitgrößten Binnenhafen Frankreichs hat. Die Erweiterung des Rhein-Rhône-Kanals, der die Rhône und damit das Mittelmeer mit dem mitteleuropäischen Flussnetz (Rhein) und damit der Nordsee und der Ostsee verbindet, wurde 1998 wegen der Kosten und der Zerstörung der Landschaft, vor allem im Tal des Doubs, eingestellt.

## Flugverkehr

Es gibt im Elsass zwei internationale Flughäfen:

- den Flughafen Straßburg *(Aéroport International Strasbourg)* bei Entzheim südwestlich von Straßburg
- den binationalen Flughafen Basel-Mülhausen *(EuroAirport Basel Mulhouse Freiburg)* in Saint-Louis zwischen Mülhausen und Basel

Beide Flughäfen hatten 1998 zusammen ein Aufkommen von 5.155.380 Passagieren.

Lage des EuroAirport Bâle-Mulhouse-Fribourg

## Radwege

Drei EuroVelo Routen

- die EV5 (Via Francigena von London nach Roma/Brindisi),
- die EV6 (Vom Atlantik bis zur Schwarzsee von Nantes nach Budapest (H) und
- die EV15 (Rheinradweg von Andermatt (CH) nach Rotterdam (NL),

führen durch das Elsass, das mit über 2 000 Kilometern Radwegen auf französischer Ebene am besten versehen ist. Alle Treidelwege der elsässischen Kanäle (Saarkanal, Rhein-Marne-Kanal, Breuschkanal, Rhein-Rhône-Kanal) sind geteert.

# Bekannte Elsässer

Standbild Martin Schongauers von Frédéric-Auguste Bartholdi vor dem Musée d'Unterlinden, Colmar

- Paul Émile Appell
- Hans Arp
- Frédéric-Auguste Bartholdi
- Max Bense
- Hans Bethe
- Heinrich Boell
- Karl Brandt
- Sebastian Brant
- Martin Bucer
- Johann Carolus
- Mireille Delunsch
- Gustave Doré
- Alfred Dreyfus
- Jean Egen
- Fabrice Ehret
- Charles de Foucauld
- Charles Friedel
- Georges Friedel
- Charles Frédéric Girard
- Gilbert Gress
- Gottfried von Straßburg
- Valerien Ismael
- Josel von Rosheim
- Alfred Kastler
- Johann Geiler von Kaysersberg
- François-Christophe Kellermann
- Marc Keller
- Jean-Baptiste Kléber
- Jean-Francois Kornetzky
- Katia Krafft
- Maurice Krafft
- Johann Heinrich Lambert
- Julius Leber
- Jean-Marie Lehn
- Leo IX.
- Sébastien Loeb
- Philipp Jakob Loutherbourg der Jüngere
- Marcel Marceau
- Karim Matmour
- Johannes Mentelin
- Yvan Muller
- Charles Münch
- Victor Ernst Nessler
- Johann Friedrich Oberlin
- Odilia
- François-Joseph d'Offenstein
- Thierry Omeyer
- Gottlieb Konrad Pfeffel
- Marc Pfertzel
- Alphonse Ratisbonne
- Beatus Rhenanus
- Claude Rich
- Guy Roux
- René Schickele
- Andreas Franz Wilhelm Schimper
- Wilhelm Philipp Schimper
- Martin Schongauer
- Rudolf Schwarz
- Albert Schweitzer
- Philipp Jacob Spener
- Bruno Spengler
- Ernst Stadler
- Ernst Stahl
- Sebastian Stoskopff
- Jakob Sturm von Sturmeck
- Karl Roos
- Marie Tussaud
- Tomi Ungerer
- Claude Vigée
- Émile Waldteufel
- Jean-Jacques Waltz
- André Weckmann
- Arsène Wenger
- Alfred Werner
- Bob Wollek
- William Wyler
- Anthar Yahia

## Filmografie

- *Die Elsässer.* Spielfilm, Frankreich, 1996, unter anderem mit Irina Wanka und Sebastian Koch. Der Film besteht aus vier Episoden von je 90 Minuten Dauer und erzählt die Geschichte des Elsass zwischen 1870 und 1953 anhand der Geschichte fiktiver Familien.
- *Bilderbuch Deutschland. Elsass – Die südliche Weinstraße.* Dokumentation, 2007, 45 Min., Buch und Regie: Willy Meyer, Produktion: SWR, Erstsendung: 17. Juni 2007, Inhaltsangabe [11] der ARD
- *Bilderbuch Deutschland. Elsass – Die nördliche Weinstraße.* Dokumentation, 2008, 45 Min., Buch und Regie: Willy Meyer, Produktion: SWR, Erstsendung: 9. März 2008, Inhaltsangabe [12] der ARD
- *Die Linden von Lautenbach.* TV-Spielfilm, Frankreich / BR Deutschland 1982, Regie Bernard Saint-Jacques, mit Mario Adorf. Nach dem Buch von Jean Egen.

## Zeitungen, Zeitschriften, Periodika

- Dernières Nouvelles d'Alsace (DNA) [13], Online-Ausgabe der Tageszeitung (französisch)
  - DNA [14] (deutsch, bilingual)
  - DNA, Frankreich-Ausgabe [15] (französisch)
  - DNA, internationale Ausgabe [16] (französisch)
- L'Alsace [17], online-Ausgabe der Tageszeitung (französisch, deutschsprachige Beilage)
- L'Alsace [18], Tageszeitung, (deutsche Version)

## Literatur

- *Das Elsass. Ein literarischer Reisebegleiter.* mehrere Abb., Insel Verlag, Frankfurt am Main 2001, ISBN 3-458-34446-2 (Elsässische Impressionen von fünfzig Schriftsteller/-innen aus fünf Jahrhunderten).
- Michael Erbe (Hrsg.): *Das Elsass. Historische Landschaft im Wandel der Zeiten.* Kohlhammer, Stuttgart 2002, ISBN 3-17-015771-X.
- Gustav Faber: *Elsass.* Artemis-Cicerone Kunst- und Reiseführer, München 1989.
- Frédéric Hartweg: *Das Elsaß. Stein des Anstoßes und Prüfstein der deutsch-französischen Beziehungen.* In: Robert Picht u.a. (Hrsg.): *Fremde Freunde. Deutsche und Franzosen vor dem 21. Jahrhundert.* Piper, München 2002, ISBN 3-492-03956-1, S. 62–68.
- Marianne Mehling (Hrsg.): *Knaurs Kulturführer in Farbe Elsaß.* Droemer Knaur, München 1984.
- Hermann Schreiber: *Das Elsaß und seine Geschichte, eine Kulturlandschaft im Spannungsfeld zweier Völker.* Weltbild, Augsburg 1996.
- Bernard Vogler: *Kleine Geschichte des Elsass.* DRW-Verlag, Leinfelden-Echterdingen 2010, ISBN 3-7650-8515-4.

## Weblinks

- Regionalrat Elsass – Offizielle Website [19]
- Portal für die regionale Kultur im Elsass [20]
- Links zum Thema Elsass [21] im Open Directory Project
- Literatur zum Schlagwort *Elsass* im Katalog der DNB [22] und in den Bibliotheksverbünden GBV [23] und SWB [24]

## Siehe auch

- Liste bedeutender Kirchen im Elsass
- Bibliothèque Alsatique
- Elsgau

# Einzelnachweise


[1] Ausführlicher Reinhard Stupperich, *Das Elsass in römischer Zeit*, in: Michael Erbe (Hrsg.), *Das Elass*, S. 18–28.

[2] „Les Accords de coopération entre l'Alsace et ..." (http://www.region-alsace.eu/dn_coopration-internationale1/accords-cooperation-international.html), *region-alsace.eu*, 20. Januar 2009

[3] Parlamentarische Anfrage des Abgeordneten Jean-Louis Masson aus dem Dept. Moselle vom 9. Dezember 1991 an den französischen Innenminister (http://questions.assemblee-nationale.fr/q9/9-51128QE.htm)

[4] http://www.olcalsace.org/fr/observer-et-veiller/histoire-de-la-langue

[5] http://www.olcalsace.org/fr/observer-et-veiller/le-dialecte-en-chiffres

[6] ABCM Zweisprachigkeit. (http://abcmzwei.free.fr/) Association pour le Bilinguisme en Classe dès la Maternelle

[7] Badisches Tagblatt, „Elass will mehr Deutsch büffeln"

[8] http://www.eurel.info/FR/index.php?rubrique=87&pais=5 Géographie réligieuse: France

[9] „Biedermänner und Brandstifter. Der Einfluss der extremen Rechten im Elsass." (http://www.dradio.de/dlf/sendungen/gesichtereuropas/718106/) Reportage, Deutschlandfunk, 5. Januar 2008

[10] Eurostat Pressemitteilung 63/2006 (http://epp.eurostat.ec.europa.eu/pls/portal/docs/PAGE/PGP_PRD_CAT_PREREL/PGE_CAT_PREREL_YEAR_2006/PGE_CAT_PREREL_YEAR_2006_MONTH_05/1-18052006-DE-AP.PDF) (PDF-Datei; 580 kB)

[11] http://www.daserste.de/bilderbuch/beitrag_dyn~uid,x621talzn1yd8akv~cm.asp

[12] http://www.daserste.de/bilderbuch/beitrag_dyn~uid,7uj508aevu0rml2t~cm.asp

[13] http://www.dna.fr/

[14] http://www.dna.fr/bilingue/

[15] http://www.dna.fr/france/

[16] http://www.dna.fr/monde/

[17] http://www.alsapresse.com/

[18] http://www.alsapresse.com/jdj/06/03/21/IGB/

[19] http://www.region-alsace.eu/

[20] http://www.alsace-culture.com/

[21] http://www.dmoz.org/World/Deutsch/Regional/Europa/Frankreich/Regionen/Elsass/

[22] http://d-nb.info/gnd/4014500-1

[23] http://gso.gbv.de/DB=2.1/CMD?ACT=SRCHA&IKT=1016&SRT=YOP&TRM=4014500-1

[24] http://swb2.bsz-bw.de/DB=2.1/CMD?ACT=SRCHA&IKT=2013&SRT=YOP&REC=2&TRM=4014500-1


Koordinaten: [//toolserver.org/~geohack/geohack.php?pagename=Elsass&language=de¶ms=48.2490519444_N_7.52805805556_E_region: 48° N, 8° O]

# Bas-Rhin

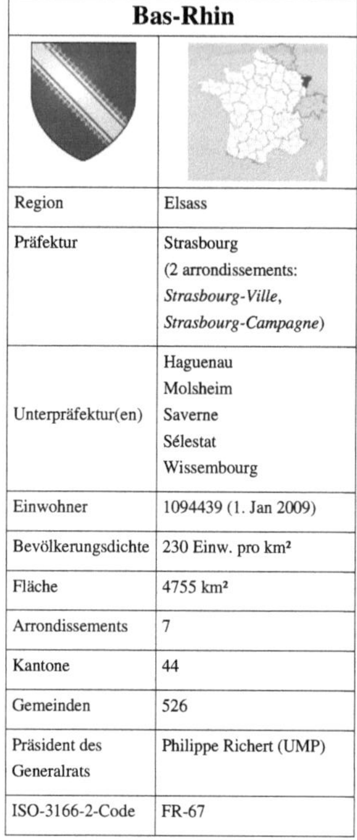

| Bas-Rhin | |
|---|---|
| Region | Elsass |
| Präfektur | Strasbourg<br>(2 arrondissements:<br>*Strasbourg-Ville,*<br>*Strasbourg-Campagne*) |
| Unterpräfektur(en) | Haguenau<br>Molsheim<br>Saverne<br>Sélestat<br>Wissembourg |
| Einwohner | 1094439 (1. Jan 2009) |
| Bevölkerungsdichte | 230 Einw. pro km² |
| Fläche | 4755 km² |
| Arrondissements | 7 |
| Kantone | 44 |
| Gemeinden | 526 |
| Präsident des Generalrats | Philippe Richert (UMP) |
| ISO-3166-2-Code | FR-67 |

Das französische Département **Bas-Rhin** [bɑ'ʀɛ̃] (dt.: *Niederrhein*) ist das 67. Département in alphabetischer Reihenfolge. Im Deutschen wird es auch als *Unterelsass* bezeichnet. Es liegt im Osten Frankreichs, in der Region Elsass. Es ist benannt nach dem Rhein (*Nieder-/Unterrhein*), der die Staatsgrenze zu Deutschland bildet.

## Geographie

Das Département liegt im Norden des Elsass. Die östliche Grenze des Départements bildet der Rhein, im Westen ziehen sich die nördlichen Ausläufer der Vogesen durch das Departement. Im Norden grenzt es an den Pfälzerwald.

Das Département grenzt im Norden an Rheinland-Pfalz und im Osten an Baden-Württemberg, Regierungsbezirke Karlsruhe und Freiburg; im Süden liegt das elsässische Département Haut-Rhin, im Westen das Département Moselle der Region Lothringen. Außerdem hat das Département im Südwesten eine sehr kurze Grenze zum Département Meurthe-et-Moselle.

## Wappen

Blasonierung: In Rot ein weißer Schrägrechtsbalken mit einem Lilienmäander beidseitig.

## Geschichte

### Gründung und ältere Geschichte

Das Département wurde während der französischen Revolution am 4. März 1790 aus dem nördlichen Teil der bis dahin bestehenden Provinz Alsace gebildet. Es untergliederte sich in 4 Distrikte (frz.: *district*), den Vorläufern der Arrondissements. Die 4 Distrikte waren Haguenau, Benfeld, Strasbourg und Wissembourg. Das Département und die Distrikte untergliederten sich in 32 Kantone und hatten wahrscheinlich etwa 400.000 Einwohner. Hauptstadt war bereits damals Strasbourg.

Nach der Annexion der Grafschaft Saarwerden durch Frankreich 1794 (heute Alsace bossue/Krummes Elsass) wurde als 5. Distrikt Sarre-Union gegründet. Aus dem Distrikt Benfeld wurde der Distrikt Schlettstadt.

Die „Arrondissements“ (dt.: *Gemeindebezirke*), wurden am 17. Februar 1800 eingerichtet. Es waren zunächst Barr (anstelle von Schlettstadt), Saverne (anstelle von Sarre-Union), Strasbourg und Wissembourg.

Am 10. Februar 1806 wurde Barr wieder durch Schlettstadt ersetzt.

Durch den Wiener Kongress 1815 verlor das Département einen heute zur Südpfalz gehörenden nördlichen Teil, unter anderem die Stadt Landau in der Pfalz.

### Bezirk Unterelsaß

Vom 10. Mai 1871 (Friede von Frankfurt) bis zum 28. Juni 1919 (Friedensvertrag von Versailles) war das Département ein Teil des Deutschen Kaiserreiches. Als *Bezirk Unterelsaß* gehörte es zum Reichsland Elsass-Lothringen. Der Bezirk untergliederte sich in 8 Kreise. Es waren Erstein, Hagenau, Molsheim, Schlettstadt, Straßburg (Stadt), Straßburg (Land), Weißenburg (wie gehabt) und Zabern (wie gehabt). Der Bezirk umfasste damals 4.778 km² und hatte 1885 612.077 Einwohner.

An der Spitze des Bezirks stand ein Bezirkspräsident. Bezirkspräsidenten waren:[1]

| Präsident | Amtszeit |
|---|---|
| Graf Friedrich von Luxburg | 1870–1871 (komm.) |
| Dr. Karl Adolph Ernst von Ernsthausen | 1871–1875 |
| Carl Ledderhose | 1875–1880 |
| Otto Back | 1880–1886 |
| Joseph von Stichaner | 1886–1889 |
| Julius Freiherr von Freyberg-Eisenberg | 1889–1898 |
| Alexander Halm | 1898–1907 |
| Otto Pöhlmann | 1907–1918 |

Die Volksvertretung im Bezirk war der Bezirkstag. Dieser wählte 10 Mitglieder (ab 1879: 13) in den Landesausschuss des Reichslandes Elsaß-Lothringen bis 1911 mit der Verfassung der Landtag eingerichtet wurde.

### Nach der Rückeroberung durch Frankreich

Nachdem das Deutsche Reich den 1. Weltkrieg verloren hatte, wurde der Bezirk Unterelsaß wieder französisch. Von der französischen Republik wurde die Untergliederung in Kreise (= Arrondissements) komplett übernommen. Der Kreis Zabern wurde zum Arrondissement Saverne, Straßburg (Stadt) zu Strasbourg-Ville, Straßburg (Land) zu Strasbourg-Campagne und Schlettstadt zu Sélestat.

Am 24. Mai 1974 wurden die Arrondissements Erstein und Sélestat zu Sélestat-Erstein mit dem Verwaltungssitz Sélestat zusammengelegt.

## Verwaltungsgliederung

Das Départment Bas-Rhin untergliedert sich in 7 Arrondissements.

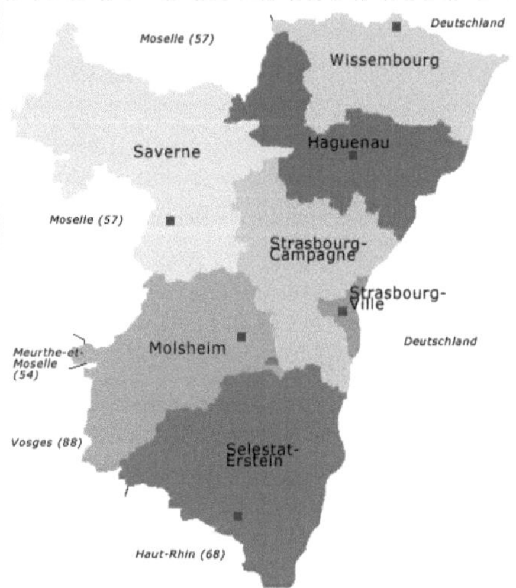

Karte von Bas-Rhin mit Arrondissements

| Arrondissement | Einwohner (1999) | Fläche (km²) | Bevölkerungs-dichte | Kantone | Gemeinden |
|---|---|---|---|---|---|
| Haguenau | 120.445 | 666 | 181 | 3 | 56 |
| Molsheim | 89.604 | 745 | 120 | 5 | 69 |
| Saverne | 88.251 | 1.003 | 88 | 6 | 127 |
| Sélestat-Erstein | 134.907 | 981 | 138 | 7 | 101 |
| Strasbourg-Campagne | 264.424 | 684 | 386 | 8 | 104 |
| Strasbourg-Ville | 264.115 | 78 | 3.375 | 10 | 1 |
| Wissembourg | 64.374 | 598 | 108 | 5 | 68 |

## Siehe auch

- Liste der Kantone im Département Bas-Rhin
- Liste der Gemeinden im Département Bas-Rhin

# Städte

Die größten Städte des Départements sind (1999: über 10.000 Einwohner):

- Strasbourg (Straßburg) (264.115)
- Haguenau (Hagenau) (32.242)
- Schiltigheim (30.841)
- Illkirch-Graffenstaden (Illkirch-Grafenstaden) (23.815)
- Sélestat (Schlettstadt) (17.179)
- Lingolsheim (16.860)
- Bischheim (16.763)
- Bischwiller (Bischweiler) (11.596)
- Saverne (Zabern) (11.201)
- Ostwald (10.761)
- Hœnheim (Hönheim) (10.726)
- Obernai (Oberehnheim) (10.471)

# Weblinks

- Literatur zum Schlagwort *Bas-Rhin* im Katalog der DNB [2] und in den Bibliotheksverbünden GBV [3] und SWB [4]
- Präfektur des Départements Bas-Rhin [5] (französisch)
- Generalrat des Départements Bas-Rhin [6] (französisch)
- Historische Karte [7] (als digitalisierte Ausgabe [8] der Universitäts- und Landesbibliothek Düsseldorf)

# Einzelnachweise

[1] Verwaltungsgeschichte (http://www.verwaltungsgeschichte.de/elsass_unt.html)
[2] http://d-nb.info/gnd/4004655-2
[3] http://gso.gbv.de/DB=2.1/CMD?ACT=SRCHA&IKT=1016&SRT=YOP&TRM=4004655-2
[4] http://swb2.bsz-bw.de/DB=2.1/CMD?ACT=SRCHA&IKT=2013&SRT=YOP&REC=2&TRM=4004655-2
[5] http://www.Bas-Rhin.pref.gouv.fr/
[6] http://www.cg67.fr/
[7] http://digital.ub.uni-duesseldorf.de/ihd/content/zoom/2178425
[8] http://nbn-resolving.de/urn:nbn:de:hbz:061:1-32095

# Arrondissement_Saverne

| Arrondissement Saverne | |
|---|---|
| Region | Elsass |
| Département | Bas-Rhin |
| Unterpräfektur | Saverne |
| Einwohner | 93366 (1. Jan 2009) |
| Bevölkerungsdichte | 93 Einw./km² |
| Fläche | 1002.91 km² |
| Kantone | 6 |
| Gemeinden | 128 |
| INSEE-Code | 674 [1] |

Das **Arrondissement Saverne** ist ein Verwaltungsbezirk im Département Bas-Rhin in der französischen Region Elsass.

## Geschichte

Am 4. März 1790, mit der Gründung des Départements Bas-Rhin, gehörte das Gebiet vermutlich zum "Distrikt Strasbourg".

Einige Zeit später wurde der "Distrikt Sarre-Union" gegründet, der im Wesentlichen mit dem heutigen Arrondissement übereinstimmte.

Mit der Gründung der Arrondissements entstand am 17. Februar 1800 das neue Arrondissement Saverne.

Seit 18. Mai 1871 gehörte das Gebiet als Kreis Zabern (frz. Saverne) im Bezirk Unterelsass zum Reichsland Elsass-Lothringen. Der Kreis umfasste damals 1004 km² und hatte 1885 86.558 Einwohner.

Im Zuge der erneuten Eingliederung des Elsass nach Frankreich am 28. Juni 1919 im Zuge des Versailler Vertrages wurde der Name wieder in "Arrondissement Saverne" umgeändert.

Siehe auch Geschichte Bas-Rhin.

## Geografie

Das Arrondissement grenzt im Norden an das Arrondissement Sarreguemines im Département Moselle (Lothringen), im Osten an die Arrondissements Haguenau und Strasbourg-Campagne, im Süden an das Arrondissement Molsheim und im Westen an die Arrondissements Sarrebourg, Château-Salins und Forbach im Département Moselle (Lothringen).

## Verwaltung

Das Arrondissement untergliedert sich in sechs Kantone:

- Bouxwiller
- Drulingen
- Marmoutier
- La Petite-Pierre
- Sarre-Union
- Saverne

siehe auch: Liste der Kantone im Département Bas-Rhin

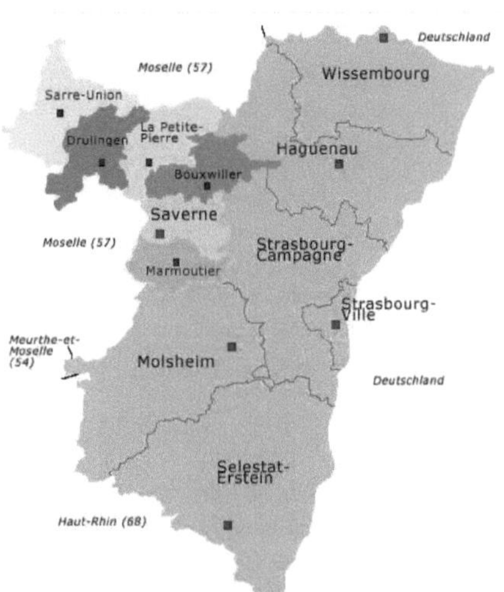


Karte des Arrondissements Saverne mit Verwaltungsgliederung und Lage im Département Bas-Rhin

## Gemeinden

Die größten Gemeinden des Arrondissements sind (>5.000 Einwohner (2006)):

- Saverne (11.907)

## References

[1] http://recensement.insee.fr/searchResults.action?codeZone=674-ARR

# Kanton Drulingen

| Kanton Drulingen | |
|---|---|
| Region | Elsass |
| Département | Bas-Rhin |
| Arrondissement | Saverne |
| Hauptort | Drulingen |
| Einwohner | 11441 (1. Jan 2009) |
| Bevölkerungsdichte | 70 Einw./km² |
| Fläche | 163.97 km² |
| Gemeinden | 26 |
| INSEE-Code | 6706 [1] |

Der **Kanton Drulingen** ist eine Untergliederung des Arrondissements Saverne im Département Bas-Rhin in der Region Elsass in Frankreich.

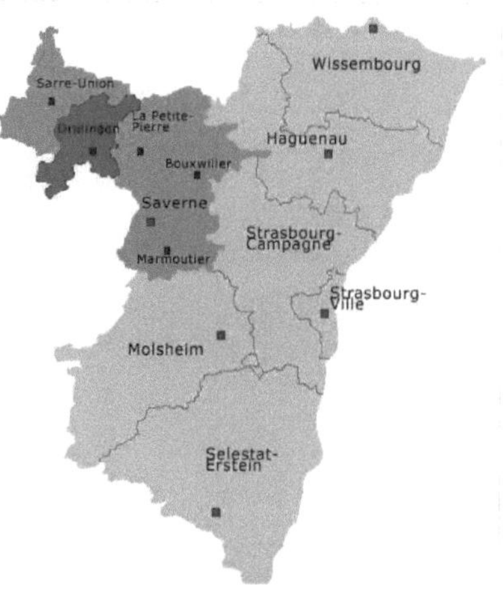

Lage des Kantons Drulingen im Arrondissement Saverne und im Département Bas-Rhin

## Geschichte

Der Kanton wurde am 4. März 1790 im Zuge der Einrichtung der Départements als Teil des damaligen "Distrikts Straßburg" gegründet. Später gehörte er zum neu gegründeten "Distrikt Sarre-Union".

Mit der Gründung der Arrondissements am 17. Februar 1800 wurde der Kanton als Teil des damaligen Arrondissements Saverne neu zugeschnitten.

Von 1871 bis 1919 gab es keine weitere Untergliederung des damaligen "Kreises Zabern" (frz.: Saverne).

Seit 28. Juni 1919 ist der Kanton wieder Teil des Arrondissements Saverne.

Siehe auch Geschichte Bas-Rhin und Geschichte Arrondissement Saverne.

## Geografie

Der Kanton grenzt im Norden an den Kanton Rohrbach-lès-Bitche im Arrondissement Sarreguemines im Département Moselle (Lothringen), im Osten an den Kanton La Petite-Pierre, im Süden an den Kanton Fénétrange im Arrondissement Sarrebourg im Département Moselle und im Westen und Norden an den Kanton Sarre-Union.

## Gemeinden

Der Kanton besteht aus 26 Gemeinden:

| Gemeinde | Einwohner | Code postal | Code Insee |
|---|---|---|---|
| Adamswiller | 459 | 67320 | 67002 |
| Asswiller | 230 | 67320 | 67013 |
| Baerendorf | 305 | 67320 | 67017 |
| Berg | 405 | 67320 | 67029 |
| Bettwiller | 332 | 67320 | 67036 |
| Burbach | 309 | 67260 | 67070 |
| Bust | 415 | 67320 | 67071 |
| Diemeringen | 1 654 | 67430 | 67095 |
| **Drulingen** (chef-lieu) | 1 468 | 67320 | 67105 |
| Durstel | 394 | 67320 | 67111 |
| Eschwiller | 183 | 67320 | 67134 |
| Eywiller | 239 | 67320 | 67136 |
| Gœrlingen | 206 | 67320 | 67159 |
| Gungwiller | 233 | 67320 | 67178 |
| Hirschland | 340 | 67320 | 67201 |
| Kirrberg | 151 | 67320 | 67241 |
| Mackwiller | 612 | 67430 | 67278 |
| Ottwiller | 220 | 67320 | 67369 |
| Rauwiller | 187 | 67320 | 67386 |
| Rexingen | 170 | 67320 | 67396 |
| Siewiller | 391 | 67320 | 67467 |
| Thal-Drulingen | 186 | 67320 | 67488 |
| Volksberg | 337 | 67290 | 67509 |
| Waldhambach | 682 | 67430 | 67514 |
| Weislingen | 582 | 67290 | 67522 |
| Weyer | 496 | 67320 | 67528 |

## References

[1] http://recensement.insee.fr/searchResults.action?codeZone=6706-CV

# Communauté_de_communes_d'Alsace_Bossue

| **Communauté de communes d'Alsace Bossue** | |
|---|---|
| Bas-Rhin (Elsass – Frankreich) | |
| Gründungsdatum | 30. Dezember 1998 |
| Sitz | Diemeringen |
| Präsident | Jean Mathia |
| Gemeinden | 32 |
| Fläche | 226.00 km² |
| Einwohner | 13735 (1999) |
| Bevölkerungsdichte | 61 Ew./km² |
| Website | [1] |

Die **Communauté de communes d'Alsace Bossue** ist ein Kommunalverband im Regionalen Naturpark Vosges du Nord im Krummen Elsass.

## Geschichte

1984 entstand ein erster Kommunalverband *Syndicat Intercommunal à Vocations Multiples* (SIVOM), der aus 42 Gemeinden bestand. 1995 wurde er zur Communauté de Communes de l'Alsace Bossue, die 45 Gemeinden vereinigte, die im Bereich der Ortschaften Sarre-Union, Diemeringen und Drulingen lagen. 1997 wurde der Kommunalverband wieder in Syndicat Intercommunal à Vocations Multiples umbenannt. 1998 wurde die SIVOM in zwei Kommunalverbände unterteilt, die Communauté de communes d'Alsace Bossue mit 32 Gemeinden und die Communauté de communes du Pays de Sarre-Union, die aus 13 Gemeinden besteht.

## Mitgliedsgemeinden

- Adamswiller
- Asswiller
- Baerendorf
- Berg
- Bettwiller
- Burbach
- Bust
- Butten
- Dehlingen
- Diedendorf
- Diemeringen
- Drulingen
- Durstel
- Eschwiller
- Eywiller
- Gungwiller
- Hirschland
- Kirrberg
- Lorentzen
- Mackwiller
- Ottwiller
- Ratzwiller
- Rauwiller
- Rexingen
- Siewiller
- Thal-Drulingen
- Volksberg
- Waldhambach
- Weislingen
- Weyer

- Gœrlingen
- Wolfskirchen

# References

[1] http://www.cc-alsace-bossue.net/html/index.php

# Thal-Drulingen

| Thal-Drulingen | |
|---|---|
| | |
| Region | Elsass |
| Département | Bas-Rhin |
| Arrondissement | Saverne |
| Kanton | Drulingen |
| Koordinaten | [//toolserver.org/~geohack/geohack.php?pagename=Thal-Drulingen&language=de¶ms=48.91_N_7.14555555556_E_dim:20000_region:FR-67_type:city(177)&title=Thal-Druling 48° 55′ N, 7° 9′ O]Koordinaten: [//toolserver.org/~geohack/geohack.php?pagename=Thal-Drulingen&language=de¶ms=48.91_N_7.14555555556_E_dim:20000_region:FR-67_type:city(177) 48° 55′ N, 7° 9′ O] |
| Höhe | 272 m (241–357 m) |
| Fläche | 5.25 km² |
| Einwohner | 177 (1. Jan 2009) |
| Bevölkerungsdichte | 34 Einw./km² |
| Postleitzahl | 67320 |
| INSEE-Code | 67488 [1] |

**Thal-Drulingen** ist eine Gemeinde im Kanton Drulingen in Frankreich. Sie liegt im „Krummen Elsass“ (franz.: *l'Alsace bossue*) innerhalb des Départements Bas-Rhin.

## Politik

Thal-Drulingen ist eine der Gemeinden des Gemeindeverbandes im Krummen Elsass.

## Weblinks

- Thal-Drulingen [2] bei der *Communauté de communes d'Alsace Bossue*

## References

[1] http://recensement.insee.fr/searchResults.action?codeZone=67488-COM
[2] http://www.cc-alsace-bossue.net/html/index.php?page=2&menu1=17&menu2=1&menu3=6&page_id=749

# Krummes_Elsass

Das **Krumme Elsass** (frz. *l'Alsace bossue* = das bucklige Elsass, elsässisch = s'Gromme Elsass) ist eine hügeliges Gebiet im Nordwesten des Elsass, das zum Département Bas-Rhin gehört. Das Arrondissement Saverne, in dem das krumme Elsass liegt, reicht weit nach Westen. Das krumme Elsass grenzt daher auf drei Seiten – im Süden, Westen und Norden – an Lothringen.

Im Volksmund weit verbreitet, vor allem bei älteren Leuten, ist die Meinung, dass die Bezeichnung „Krummes Elsass“ vom krumm-buckligen Grenzverlauf zwischen dem katholischen Lothringen und dem protestantischen Elsass kommt. Nach der Reformation zog man um die Dörfer die Grenze entsprechend der Religion. Das krumme Elsass deckt sich deshalb in etwa mit der historischen Grafschaft Saarwerden, die über Jahrhunderte eine Exklave des protestantischen Fürstentums Nassau-Saarbrücken war. Obwohl die Region weder geographisch noch historisch zum Elsass gehört, erbaten nach der endgültigen Annexion durch das revolutionäre Frankreich 1794 die Bewohner des Krummen Elsass den Anschluss ihrer Gemeinden an das protestantische Elsass anstatt an das mehrheitlich katholische Lothringen.

Größere Orte im krummen Elsass sind Sarre-Union, Drulingen und La Petite-Pierre, die jeweils auch Verwaltungssitz der gleichnamigen Kantone sind. Im Westen wird das krumme Elsass von der Saar durchflossen, im Osten von den nördlichen Vogesen begrenzt.

Die meisten der nachfolgend genannten Gemeinden im Krummen Elsass sind Mitglieder der Communauté de communes d'Alsace Bossue.

Weitere Orte im Krummen Elsass sind:

- Adamswiller
- Altwiller
- Asswiller
- Baerendorf
- Bettwiller
- Berg
- Bouxwiller
- Butten
- Burbach
- Bust
- Dehlingen
- Diedendorf
- Diemeringen
- Drulingen
- Durstel
- Eschwiller
- Eywiller
- Gœrlingen
- Gungwiller
- Harskirchen
- Hinsbourg
- Hirschland
- Kirrberg
- Lorentzen
- Mackwiller
- Oermingen
- Ottwiller

- Ratzwiller
- Rauwiller
- Rexingen
- Sarrewerden
- Siewiller
- Thal-Drulingen
- Voellerdingen
- Volksberg
- Waldhambach
- Weislingen
- Weyer
- Wolfskirchen

## Weblinks

- http://www.tourisme.alsace-bossue.net

# Landwirtschaft

**Landwirtschaft** ist die zielgerichtete Herstellung pflanzlicher oder tierischer Erzeugnisse auf einer zu diesem Zweck bewirtschafteten Fläche.

Landwirtschaft in Deutschland (2004)

moderne Ballenpresse im Einsatz

Der Anbau von Nutzpflanzen und Haltung von Nutztieren dient in erster Linie der Nahrungsmittelproduktion, in zweiter Linie der Herstellung von Rohstoffen für die Herstellung von Bekleidung. Vor der Produktion von Kunstfasern schufen die Menschen ihre gesamte Bekleidung aus den tierischen Produkten Leder, Pelz und Wolle sowie aus Faserpflanzen wie Baumwolle, Leinen und Hanf. Daneben spielen auch andere Verwertungsformen eine Rolle, in besonders stark zunehmendem Maße als Energieträger oder nachwachsender Rohstoff für andere industrielle Produkte. Die Landwirtschaft ist Teilwirtschaftszweig eines größeren Gesamtsystems mit vor- und nachgelagerten Sektoren. Eine Person, die Landwirtschaft betreibt, bezeichnet man als Landwirt. Neben berufspraktischen Ausbildungen bestehen an zahlreichen Universitäten und Fachhochschulen eigene landwirtschaftliche Fachbereiche. Das dort gelehrte und erforschte Fach Agrarwissenschaft bereitet sowohl auf die Führung von landwirtschaftlichen Betrieben vor, als auch auf Tätigkeiten in verwandten Wirtschaftsbereichen.

## Bereiche

### Pflanzenbau und Tierhaltung

Generell kann die Landwirtschaft in zwei Produktionsrichtungen eingeteilt werden:

- Pflanzenproduktion mit Schwerpunkt Ackerbau und den weiteren Produktionsrichtungen Gartenbau (inkl. Obstbau und Zierpflanzenbau) und Weinbau sowie Bioenergie aus nachwachsenden Rohstoffen.
- Tierproduktion mit den unterschiedlichen Ausrichtungen je nach Tierarten z. B. Schweineproduktion, Rinderproduktion, Geflügelproduktion, Schafproduktion, Fischzucht usw..

Welche dieser Formen lokal überwiegt, ist vom Standort abhängig: Auf leichten Standorten (schlechter Boden) ist die Viehhaltung konkurrenzkräftiger, während auf besseren Böden die Pflanzenproduktion wirtschaftlicher ist.

### Extensive und intensive Landwirtschaft

*Extensive Landwirtschaft* zeichnet sich durch eine relativ starke Nutzung des Produktionsfaktors Land und eine relativ schwache Nutzung anderer Produktionsfaktoren je produzierter Produkteinheit aus. *Intensive Landwirtschaft* ist deren Gegenteil. Entsprechend wird zwischen extensiver und intensiver Tierhaltung unterschieden. Global und regional variiert die Abgrenzung.

Typische Formen extensiver Landwirtschaft sind Fernweidewirtschaft, Wanderfeldbau und Sammelkultur – extensive Landwirtschaft und Nomadentum (auch saisonal) sind geschichtlich meist eng verbunden. Typische Beispiele, die den Übergang zur intensiven Nutzung markieren, sind Bewässerung, Trockenlegung, Rodung, Terrassenfeldbau, und zielgerichtete Düngung: Sie stellen schon deutliche Eingriffe in die natürlichen Verhältnisse dar. Trotzdem können auch extensive Nutzungsformen langfristig gravierende Eingriffe in das Ökosystem darstellen: So sind typische Landschaftsformen der extensiven Landnutzung in Mitteleuropa, wie die Heidelandschaften oder die Almen der Alpen, anthropogene Landschaften.

*Extensive* und *intensive Landwirtschaft* werden auch – weniger präzise – für die Abgrenzung von *konventioneller* und *ökologischer* Landwirtschaft verwendet.

### Betriebssysteme

Die Einteilung landwirtschaftlicher Betriebe wird mit der Klassifizierung nach *Betriebssystemen* weiter differenziert. Je nachdem, welcher Produktionszweig schwerpunktmäßig zum Betriebseinkommen beiträgt, werden z. B. unterschieden:

- *Futterbaubetriebe*: mehr als die Hälfte des Betriebseinkommens stammt aus Milchviehhaltung, Rindermast, Schaf- oder Pferdehaltung;
- *Marktfruchtbetriebe*: der betriebliche Schwerpunkt liegt auf dem Anbau von Marktfrüchten wie Weizen, Gerste, Zuckerrüben, Kartoffeln, Ölfrüchten, Tabak oder Feldgemüse;
- *Sonderkulturbetriebe*: der Schwerpunkt liegt auf Wein, Hopfen- oder Obstanbau und ähnlichem, sowie pharmazeutischer Landbau
- *Gartenbaubetriebe*;
- *Viehhaltungsbetriebe*: Schwerpunkt auf Viehzucht oder tierischen Produkten
  - *Veredelungsbetriebe* betreiben hauptsächlich Schweinemast und Geflügelhaltung;
- *Gemischtbetriebe*: keiner der Produktionszweige trägt zu mehr als 50% zum Betriebseinkommen bei;

- *Kombinationsbetriebe*: die Anteile von Landwirtschaft, Gartenbau oder Forstwirtschaft liegen bei unter 75%, wobei eine dieser Produktionsrichtungen auf über 50% kommt.

### Haupt- und Nebenerwerb

Eine weitere Unterscheidung landwirtschaftlicher Betriebe richtet sich auf den Anteil, den das Betriebseinkommen am Einkommen einer Familie hat: der *Haupterwerbsbetrieb* ist ein landwirtschaftlicher Familienbetrieb, bei dem der Betrieb hauptberuflich bewirtschaftet wird und mehr als 80 Prozent des Einkommens aus landwirtschaftlicher Arbeit erzielt wird. Beim *Zuerwerbsbetrieb* sind es mehr als 50% und beim *Nebenerwerbsbetrieb* weniger als 50% des Einkommens aus landwirtschaftlichter Tätigkeit.

### Sonderformen

Als Vertical farming (engl., dt. wörtlich *Senkrechte Landwirtschaft*) wird eine konzeptionelle Art der Landwirtschaft in Hochhäusern urbaner Gebiete bezeichnet.

Landwirtschaftgemeinschaftshöfe sind Zusammenschlüsse von Verbrauchern mit einem Partner-Landwirt.

## Geschichte

*Hauptartikel: Geschichte der Landwirtschaft*

Der systematische Anbau von Pflanzen begann vermutlich vor rund 12.000 Jahren am Ende der letzten Eiszeit. Es ist wahrscheinlich, dass die Entwicklung nahezu gleichzeitig in Amerika, China und dem Nahen Osten einsetzte. Dabei werden die Veränderung des Klimas durch das Ende der Eiszeit, das Bevölkerungswachstum und die beginnende Sesshaftigkeit als sich begünstigende Faktoren angesehen.

Fruchtbarer Halbmond

Im 8. Jahrhundert wurde in Europa der Ackerbau auf die Dreifelderwirtschaft umgestellt. Die bis dahin verwendeten Ochsen wurden durch Pferde ersetzt, wodurch schwere Eisenpflüge eingesetzt werden konnten.

Durch die europäische Entdeckung Amerikas 1492 entwickelte sich ein reger, weltweiter Austausch an Agrarprodukten, der für nahezu alle Völker einschneidende Änderungen bewirkte (Columbian Exchange).

## Bedeutung der Landwirtschaft in der Welt

3% des Welt-Bruttoinlandsprodukts entstanden 2008 in der Landwirtschaft. In armen Ländern ist der Anteil der Landwirtschaft am Bruttoinlandsprodukt mit durchschnittlichen 26% deutlich höher als in reichen Ländern (1%). Im Zuge der langfristigen wirtschaftlichen Entwicklung kommt es zu einem Strukturwandel, in dem die Landwirtschaft an relativer Bedeutung verliert. Dieser betrifft auch den Anteil der Beschäftigten. So betrug der Anteil der Beschäftigten in der Landwirtschaft im Jahr 2006 in Tansania 75% und in den Niederlanden 1%.[1]

## Deutschland

Um 1900 erzeugte ein Landwirt im deutschen Kaiserreich Nahrungsmittel für 4 weitere Personen; im Vergleich dazu ernährte er 1950 in der Bundesrepublik Deutschland 10 Personen. Anfang des 21. Jahrhunderts (2004) waren es bereits 143. Trotz dieser Produktivitätssteigerung blieb Deutschland ein Nettoimportland an Agrar- und Ernährungsgütern. 2008 überstieg die Einfuhr den Export an Gütern der Land- und Ernährungswirtschaft um 9 Mrd. Euro. Im Jahr 2007 gab es in der Bundesrepublik 374.500 landwirtschaftliche Betriebe[2] . In diesem Bereich waren rund 1,25 Millionen Personen haupt- oder nebenberuflich beschäftigt, was 530.000 Vollzeitarbeitsplätzen entsprach. Insgesamt wurden 16,9 Millionen ha Boden landwirtschaftlich genutzt (das sind ca. 47,4 Prozent der Gesamtfläche Deutschlands). Davon entfielen auf die Pflanzenproduktion rund 11,8 Millionen Hektar und auf Dauergrünland rund 5 Millionen Hektar. Im Jahr 2009 wurden in Deutschland vor allem Getreide (6,5 Mio. Hektar), Mais (2,1 Mio. Hektar), Raps (1,5 Mio. Hektar) und Zuckerrüben (0,4 Mio. Hektar) angebaut[3] . Im Vergleich dazu spielen Obstanlagen, Baumschulen und Weihnachtsbaumkulturen hinsichtlich des Flächenverbrauchs keine große Rolle.

Die Land-, Forstwirtschaft und Fischerei erzielte 2005 einen Produktionswert von 45 Mrd. Euro, das entspricht einem rechnerischen Anteil von 1,0 % der Bruttowertschöpfung bei einem Anteil von 2,2 % der Erwerbstätigen. Grundlage der Berechnung sind die Erzeugerpreise, die jedoch teilweise erheblich unter den Endverbraucherpreisen liegen. Durch Produktionsfortschritt und zunehmende Industrialisierung und Entwicklung des Dienstleistungssektors sank in den letzten 100 Jahren der Erwerbstätigenanteil in der Landwirtschaft von 38 % auf gut 2 %.

Siehe auch: Landwirtschaft in der DDR, Agrarpolitik in Deutschland

## Österreich

Die wesentlichen Merkmale der Landwirtschaft in Österreich sind im EU-Vergleich der hohe Grünlandanteil, die Kleinstrukturiertheit und die große Zahl an Biobetrieben.

Es werden rund 44% der gesamten Bundesfläche für die Landwirtschaft genutzt, aber nur 5% der Erwerbstätigen sind in Garten, Land- und Forstwirtschaft – die in Österreich als gemeinsamer Wirtschaftssektor gilt – tätig.[4] Die landwirtschaftlichen Arbeiten werden großteils von den bäuerlichen Familien selbst durchgeführt. Der Anteil der kleinen Betriebe sinkt, während der Anteil der größeren Betriebe steigt, der Anteil an Beschäftigten sinkt insgesamt, mit steigendem Anteil der familienfremden Arbeitskräfte.

| | familieneigen | familienfremd |
|---|---|---|
| **1999** | 199.000 | 29.500 |
| **2006** | 149.000 | 31.300 |

Quelle: Grüner Bericht[5]

Positiv bewertet werden aber die dienstleistungsnahen Randbereiche, und in der biologischen Landwirtschaft sind die Einkommen um etwa 30% höher als in konventionell geführten Bereichen.

## Schweiz

Schweizer Bauernhof im Entlebuch

Die naturräumliche Gliederung der Schweiz mit 70% Berg- und Hügelgebieten (Alpen, Voralpen und Jura) beschränkt Betriebsgrösse, Nutzung, Mechanisierung und Industrialisierung der Schweizer Landwirtschaft. Die landwirtschaftliche Nutzfläche beträgt 23,9%, die alpwirtschaftliche 13 % der Gesamtfläche der Schweiz (1997). 55% der Betriebe befinden sich in der Berg-/Hügel- und 45% in der Talregion. Die durchschnittliche Betriebsgrösse hat zwischen 1905 und 2008 von 4.7 auf 17.4 ha zugenommen. Die kleingliedrigen Strukturen, das zum Teil ungünstige Gelände, das hohe Lohnniveau und die strengen Vorschriften (Tierhaltung, Landschaftsschutz) wirken sich negativ auf die internationale Wettbewerbsfähigkeit aus. Die Bewirtschaftung der Berggebiete dient gleichzeitig dem für den Tourismus wichtigen Schutz der Kulturlandschaft und der Eindämmung von Naturkatastrophen (Erdrutsche, Lawinen, Überschwemmungen, Erosion). Diese Zusatzleistungen werden den Bauern vom Bund mit Direktzahlungen vergütet. Rund 30% der Bauernbetriebe werden nebenberuflich bewirtschaftet.

Die Schweizer Landwirtschaft befindet sich in einem starken Wandel. Von 1990 bis 2008 haben die Bauernhöfe von 93.000 auf 60.900 und die Beschäftigten in der Landwirtschaft von 254.000 auf 168.500 abgenommen. [6] . Gleichzeitig sind die Einkommen in dieser Zeit um rund 30 % gesunken, während die Konsumenten nur 14 % höhere Preise bezahlen mussten. 40 % der Betriebsleiter fehlt eine Zukunftsperspektive. 11 % der gesamten Kulturfläche werden als ökologische Ausgleichsfläche bewirtschaftet. Es werden 30 % weniger Pflanzenschutzmittel und 68 % weniger Mineraldünger als vor 15 Jahren eingesetzt. 6.000 Landwirtschaftsbetriebe sind zertifizierte (Bio-Knospe-Label) Biobetriebe (2008). Im Durchschnitt kauft jeder Schweizer für fast 160 Franken Bioprodukte pro Jahr, was gemäß *Bio Suisse* Weltrekord bedeutet.

Durch die Agrarpolitik (AP) 2011 wird eine weitere Verringerung der landwirtschaftlichen Produktion angestrebt. Die WTO-Verhandlungen und ein Freihandelsabkommen mit den USA sind in ihren Auswirkungen auf die Landwirtschaft noch nicht absehbar.

## Übersee (USA)

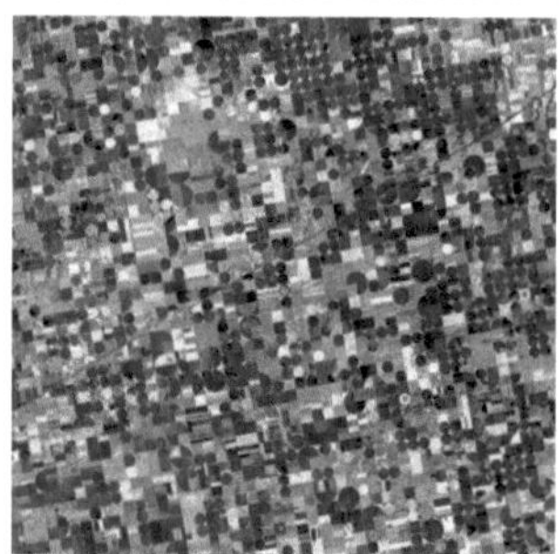
Satellitenbild von bewässerten Feldern in Kansas, USA

In der Gründerzeit verkörperten Landwirte (dort Farmer genannt) die Tugenden harte Arbeit, Initiative und Unabhängigkeit. Im 20. Jahrhundert entwickelte sich die Landwirtschaft zu einem wichtigen industriellen Faktor, insbesondere durch ihre Bedeutung als Rohstofflieferant für die weiterverarbeitenden Betriebe. Im Jahre 1940 gab es noch 6 Millionen landwirtschaftliche Betriebe, um das Jahr 2000 nur noch rund 2 Millionen. In der gleichen Zeit verdreifachte sich die durchschnittliche Betriebsgröße. Hauptproduzenten sind heute 150 000 landwirtschaftliche Unternehmer, daneben gibt es schätzungsweise 2 Millionen Nebenerwerbsbetriebe.[7]

# Politik

*Hauptartikel: Agrarpolitik* Zur Versorgung der Bevölkerung mit Lebensmitteln zu stabilen Preisen sind im Laufe der Zeit weitere Nebenziele der Agrarpolitik getreten:

- Schonung der natürlichen Ressourcen Boden, Wasser und Luft,
- infrastrukturelle, wirtschaftliche, soziale und kulturelle Belebung der ländlichen Räume,
- Pflege der Kulturlandschaft und Erhalt der Artenvielfalt,
- Erzeugung regenerativer Energien,
- Verfügbarkeit von Industrie- und Energiestoffen

# Probleme

Die Landwirtschaft in Europa befindet sich seit den 1950er Jahren in einem stetigem Wandlungsprozess zu größeren Betriebseinheiten. Steigende Kosten für Betriebsmittel bei zunehmendem Preisdruck für die Erzeugnisse zwangen viele Landwirte zur Entscheidung "wachsen oder weichen".

Die Gründe für diese Entwicklung sind:[8]

- die durchschnittliche Produktivitätssteigerung der Landwirtschaft von 2% pro Jahr
- die erheblich erhöhte Arbeitsproduktivität durch technischen Fortschritt in der Landtechnik
- die nur noch geringe Zunahme der Bevölkerungszahl und damit der Nachfrage nach Nahrungsmitteln
- die starke Konzentration der Anbieterseite von Produktionshilfsmitteln der Landwirtschaft
- die starke Konzentration auf der Abnehmerseite der Landwirtschaft mit hohem Preisdruck
- Wegfall von Garantiepreisen für Landwirtschaftsprodukte
- Administrative Vorschriften und Verschärfung der Umweltauflagen in der Produktion

## Ökonomische und soziale Probleme

Jahrhunderte verharrte die Landwirtschaft Europas auf festgefügten Strukturen, die in einer bäuerlichen Arbeits- und Lebensform mit dem Ziel der Selbstversorgung mit Nahrungsmitteln das Wissen von Generation zu Generation weitergab. Mit dem Beginn der Industrialisierung im ausgehenden 19. Jahrhundert setzte eine Änderung ein, die bis heute nicht abgeschlossen ist. Waren Anfang des 20. Jahrhunderts noch 80 % der Bevölkerung in der Landwirtschaft beschäftigt, so sind dies heute weniger als 5 %. Im gleichen Ausmaß ging die Bedeutung dieser Bevölkerungsgruppe für die politischen Parteien verloren, wenngleich immer ein Mindestmaß an Nahrungsselbstversorgung angestrebt wurde um in diesem Bereich politisch unabhängig zu bleiben. Dies wird seit den 1960er Jahren mit Marktordnungen bewerkstelligt, die zunächst Mindestpreise für Landwirtschaftserzeugnisse und später Direktzahlungen an Landwirte vorsah[9] . Die Politik greift auch im 21. Jahrhundert durch die Struktur der Förderungsmassnahmen nachhaltig in die Landwirtschaft ein. Seit 1994 übersteigt bei einigen Landwirtschaftstypen Europas der Einkommenstransfer aus der Gemeinschaftskasse die eigene Wertschöpfung; daneben wirtschaften Veredelungsbetriebe mit Milchwirtschaft im freien Wettbewerb weit unter der Kostendeckung.

Seit Mitte der 1950er Jahre besteht ein Trend zur technischen Modernisierung und Vergrößerung der landwirtschaftlichen Betriebe, wobei die Konzentration in manchen Ländern schneller (Großbritannien, USA), in anderen langsamer (Deutschland, Frankreich, Schweiz) verlief. Im Verlauf dieser Entwicklung veränderte sich die Produktionsweise hin zur Spezialisierung auf wenige Produktionszweige.

Nachdem die früheren Preisgarantien für landwirtschaftliche Erzeugnisse weitgehend abgeschafft wurden, stehen die Betriebe unter dem Druck der Weltmärkte mit steigenden Preisen für landwirtschaftliche Betriebsmittel bei unsicheren Erzeugerpreisen. Die Zahl der Betriebe mit Direktvermarktung, Bioproduktion und Urlaubsangeboten auf dem Bauernhof nimmt in Deutschland zu, durch die Energiekrise ist ein neues Betätigungsfeld *Energiewirt* dazugekommen, trotzdem können dadurch die Einkommensprobleme nur in begrenztem Maße gelöst werden. In vielen Fällen bleibt den Landwirten nur die Möglichkeit, den Betrieb bei der nächsten Generationenfolge aufzugeben oder zu vergrößern.

Die weltweite Krise der Landwirtschaft wurde durch die steigenden Energiepreise noch verschärft. Auf den Weltmärkten besteht ein Überschuss an Nahrungsmitteln, die Preise dafür sind jedoch eng mit den Energiepreisen verbunden; Getreide wird inzwischen auch als Brennmaterial vermarktet. Auch Mais und Zuckerrohr sind als Energiepflanzen beliebt. Selbst Entwicklungsländer die auf Nahrungsmittelhilfen angewiesen sind erwägen den Eintritt in den Energiemarkt mit entsprechenden Pflanzungen. Der begrenzte fruchtbare Boden und der bedrohliche Rückgang der Wasserverfügbarkeit, ist der Grund für die 800 Millionen hungernden Menschen der Welt.[10] [11]

## Ökologische Probleme

Die in der Öffentlichkeit diskutierten Futtermittel-, Eier- und Fleischskandale oder die BSE-Krise sind das Ergebnis der zunehmenden landwirtschaftlichen Betriebsgrößen sowie der Konzentration auf Betriebsmittelanbieter- als auch Produktabnehmerseite. Aus dieser Strukturveränderung ergeben sich zahlreiche ökologische Belastungen durch die Landwirtschaft, das Transportgewerbe und die Industrie.

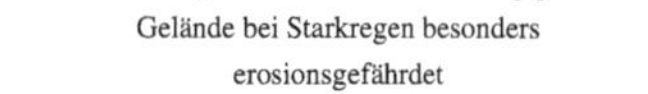

In der Jugendphase der Kulturpflanzen sind große Flächen gleicher Pflanzenart in hängigem Gelände bei Starkregen besonders erosionsgefährdet

Im Zusammenhang mit der Belastung der Umweltfaktoren Boden, Wasser und Luft werden diskutiert:

- die Eutrophierung der Gewässer durch Nährstoffe, (z. B. Stickstoff, Phosphat)
- das Vorkommen von Pflanzenschutzmitteln in Boden und Grundwasser
- die Verdichtung des Bodens (durch schwere Maschinen) und Störung der Bodenmikrofauna
- die Gefahr von Bodenerosion durch große Flächen gleicher Nutzpflanzen in hängigen Gelände)
- die Gefahr von Humusabbau durch enge Fruchtfolgen
- die Anfälligkeit der Nutzpflanzen gegenüber Krankheiten und Schädlingen
- die Resistenz von Krankheitserregern gegen Antibiotika und Resistenz von Pflanzenschädlingen gegen Pestizide

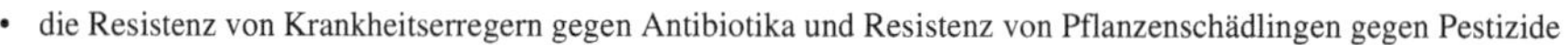

- die Verringerung der Artenvielfalt, bei Kulturpflanzen und -tieren sowie wildlebenden Arten [12] [13]
- die mögliche Belastung von pflanzlichen und tierischen Produkten mit wertmindernden Inhaltsstoffen (z. B. Pestizide, Nitrat, Antibiotika, Hormone, Beruhigungsmittel)
- die mögliche Verringerung der Haltbarkeit von Nahrungsmitteln
- Pestizidvergiftungen bei Landwirten (laut WHO-Schätzungen Ende 1980er Jahre weltweit 20.000 Fälle mit Todesfolge)
- gesteigerter Energieverbrauch und damit $CO_2$-Emissionen

# Landwirtschaftliche Berufe

Die Berufe der Landwirtschaft sind in Österreich im Berufsbereich des AMS *Garten-, Land- und Forstwirtschaft*[4] bzw. in der Berufsgruppe *Land- und Forstwirtschaft/Tiere/Pflanzen/Hauswirtschaft* zusammengefasst[14] oder dem Arbeitsfeld *Der grüne Daumen*[15] im Berufsberatungssystem des BIC.

In der Schweiz soll mit einer neuen Bildungsverordnung (BiVo)[16] , die mit 1. Januar 2009 in Kraft gesetzt wird,[17] ein Berufsfeld *Landwirtschaft und landwirtschaftliche Spezialberufe* geschaffen werden, derzeit (August 2008) sind die einschlägigen Berufe[18] auf die Berufsfelder *Natur*[19] und *Nahrung*[20] verteilt.

Der allgemeine landwirtschaftliche Berufsbezeichnung ist *Landwirt*, umgangssprachlich *Bauer* - als staatlich anerkannter Beruf trägt er dann diverse spezielle, landes- und länderspezifische Bezeichnungen, wie *Landwirt/in EFZ*, *Bäuerin* (Schweiz), Höhere Bildung: *Agrartechniker* (Österreich), *Meisterlandwirt/in*, *Dipl. Agro-Techniker/in HF* (Schweiz), *Landwirtschaftlicher Facharbeiter* (Österreich, Lehrberuf), oder *Biobauer* (Österreich, mit Zulassung) bzw. Fachmann/-frau der biologisch-dynamischen Landwirtschaft (Schweiz).

Weitere Berufe aus dem Bereich der Landwirtschaft:

- Grundlagenforschung: *Biologe, Zoologe, Botaniker, Paläontologe, Umweltingenieur, Umweltnaturwissenschaftler* (Schweiz)
- Ökonomie: *Agronom, Wissenschaftler in Wald- und Landschaftsmanagement* (Schweiz); *Hauswirtschafter* (Deutschland), *Agrokaufmann* (Schweiz)
- Marktfruchtbau, Futtermittelbau:
  - *Feldgemüsebaufacharbeiter* (Österreich), *Gemüsegärtner, Branchenspezialist Früchte/Gemüse* (Schweiz)
  - Verfahrenstechnik für die Getreidewirtschaft: *Getreidemüller* (Österreich), *Müllereitechnologe* (Schweiz)
  - Veredlung: *Mikrobiologe, Biotechnologe, Biochemiker, Biotechnologe*; *Saatbautechniker* (Österreich), *Saatgutanalytiker* (Österreich)
  - Lagerhaltung: *Silomeister* (Schweiz), *FacharbeiterIn der landwirtschaftlichen Lagerhaltung* (Österreich)
- Sonderkultur:
  - *Obstbaufacharbeiter* (Österreich), *Obstbauer, Obstgärtner* (Schweiz)
  - *Winzer* (Deutschland, Schweiz), *Weinhauer, Weinbau- und Kellereifacharbeiter, Weinbautechniker* (Österreich), *Kellermeister/Kellertechniker (Wein), Weintechnologe* (Schweiz)
  - *Brenner* (Deutschland), *Schnapsbrenner* (Schweiz)
- Tierhaltung, -zucht und -pflege:
  - *Veterinärmediziner, Tierarzt*; *Ordinationshilfe bei TierärztInnen* (Österreich)
  - *Geflügelzüchter* (Schweiz)
  - *Hirt* (Österreich)
  - *Fischwirt* (Deutschland), *Fischereifacharbeiter* (Österreich), *Fischzüchter, Berufsfischer* (Schweiz)
  - *Pferdewirt* (Deutschland, Österreich), *Pferdepfleger* (Österreich, Schweiz), *Pferdewirtschaftsfacharbeiter* (Österreich), *Bereiter, Rennreiter* (Schweiz)
  - *Milchwirtschaftlicher Laborant* (Deutschland), *Molkereifachmann* (Österreich), *Molkerei- und Käsereifacharbeiter* (Österreich), *Milchtechnologe* (Schweiz)
  - *Imker* (Schweiz), *Bienenwirtschaftsfacharbeiter* (Österreich)
  - *Besamungstechniker* (Schweiz)
- *Schädlingsbekämpfer* (Österreich)

Berufe im Umfeld:

- Gartenbau: *Gärtner* (mit etlichen Spezialisierungen), *Baumschulist* (Schweiz)
- Forstwirtschaft: *Förster* (Österreich, Schweiz), *Forstwart* (Deutschland, Österreich, Schweiz), *Forstwirt* (Österreich), *Forstfacharbeiter* (Österreich), *Forstgarten- und Forstpflegefacharbeiter* (Österreich), *Forstmaschinenführer* (Schweiz), *Forstingenieur* (Höhere Bildung, Schweiz)
- Jagdwesen: *Jäger* (Österreich), *Revierjäger* (Deutschland), *Jagdaufseher, Wildhüter* (Schweiz)
- Maschinenbau und Technik: *Landmaschinenmechaniker* (Deutschland, Schweiz), *Hufschmied* (Österreich, Schweiz)
- Landwirtschaftliche Lohnunternehmer: *Fachkraft für Agrarservice* (Deutschland)
- Beratung, Pädagogik und Ausbildung:: *Landwirtschaftlicher Berater, Hofberater, Landwirtschaftlicher Haushaltsberater, Landwirtschaftstechniker* (Österreich), *Bäuerlich-hauswirtschaftliche Beraterin* (Schweiz) *Waldpädagoge* (Österreich), *LehrerIn an Land- und forstwirtschaftlichen Schulen* (Österreich)

- Handel und Transport: *Gartencenterkaufmann* (Österreich), *Florist, Tierhändler* (Österreich), *Viehhändler* (Österreich), *Vieheinkäufer, Chauffeur/in für Tiertransporte* (Schweiz)
- Landschaftsbau: *Landschaftsplaner*, Kulturtechniker (Österreich), *Garten- und Grünflächengestaltung* (Österreich), *Landschaftsbauzeichner* (Schweiz)
- Tierhaltung mit speziellen Bereichen, Zoowesen, Heimtierzucht, und ähnliches: *Tierpfleger* (Österreich), *Zoofachhändler* (Österreich), *Hundeabrichter* (Österreich), *Tierheilpraktiker/Tierpsychologischer Berater, Tierphysiotherapeut* (Schweiz)

## Siehe auch

- Portal:Land- und Forstwirtschaft
- Liste landwirtschaftlicher Geräte und Maschinen
- Agrarpolitik
- Agrarpublizistik
- Deutsche Zentralbibliothek der Landbauwissenschaft
- Forstwirtschaft
- Landtechnik
- Mechanisierung der Landwirtschaft
- Bundesministerium für Ernährung, Landwirtschaft und Verbraucherschutz
- Ernährungs- und Landwirtschaftsorganisation
- Industrielle Landwirtschaft
- Ökologische Landwirtschaft
- Zur Lage der chinesischen Bauern

Deutsches Landwirtschaftsmuseum in Hohenheim

## Literatur


- Wilhelm Abel: *Geschichte der deutschen Landwirtschaft vom frühen Mittelalter bis zum 19. Jahrhundert.* Stuttgart 1962
- Aus Politik und Zeitgeschichte 5-6/2010: *Landwirtschaft* [21].
- R. Hendler, P. Marburger, P. Reiff, M. Schröder: *Landwirtschaft und Umweltschutz.* Erich Schmidt Verlag, Berlin 2007, ISBN 978-3-503-09760-9
- Ulrich Köpke: *Umweltleistungen des Ökologischen Landbaus.* In: *Ökologie und Landbau* 2/2002, S. 6–18.
- Marcel Mazoyer, Laurence Roudart, *Histoire des agricultures du monde: Du néolithique à la crise contemporaine*, Paris: Seuil, 2002, ISBN 2-02-053061-9, engl. *A History of World Agriculture: From the Neolithic Age to the Current Crisis*, New York: Monthly Review Press, 2006, ISBN 1-58367-121-8
- Günter Rohrmoser: *Landwirtschaft in der Ökologie- und Kulturkrise.* Gesellschaft für Kulturwissenschaft, Bietigheim/Baden 1996, ISBN 3-930218-25-9

## Weblinks

- Bundesamt für Statistik - Landwirtschaft [22]
- Bundesamt für Landwirtschaft [23]
- Statistisches Bundesamt - Daten zur Landwirtschaft [24]; Beiträge zum Thema "Landwirtschaft" aus der Monatszeitschrift "Wirtschaft und Statistik" des Statistischen Bundesamtes [25]
- Schweizer Landwirtschaft [26]
- Peter Gaß: Internetseite, die in Blogs, Fotostrecken und Filmen erläutert, wie der Landwirt schafft [27] (private Initiative)
- meine-landwirtschaft.de [28] (18. Januar 2012)
- "GREENPILOT" [29]: *Die virtuelle Fachbibliothek für Ernährung, Umwelt und Agrar* [30]
- Initiative der Jägerschaften in Nordwestdeutschland zum Schutz der Arten der Feldflur [31]

## Einzelnachweise

[1] World Development Indicators 2010, Weltbank, 2011. (http://data.worldbank.org/data-catalog/world-development-indicators)

[2] *Landwirtschaft in Deutschland und der Europäischen Union 2009.* (https://www-ec.destatis.de/csp/shop/sfg/bpm.html.cms.cBroker.cls?cmspath=struktur,Warenkorb.csp&action=basketadd&id=1024185) Statistisches Bundesamt, abgerufen am 26. Dezember 2010 (PDF 4,0 MB).

[3] *Jahresbericht 2009/2010.* (http://www.iva.de/sites/default/files/benutzer/uid/publikationen/jb_09-10_iva_jahresbericht_2009-2010.pdf) Industrieverband Agrar e. V., abgerufen am 26. Dezember 2010 (PDF 3,1 MB).

[4] *Trends im Berufsbereich: Garten, Land- und Forstwirtschaft.* (http://bis.ams.or.at/qualibarometer/berufsbereich.php?id=69) Arbeitsmarktservice (AMS), abgerufen am 8. August 2008.

[5] Bundesministerium für Land- und Forstwirtschaft, Umwelt und Wasserwirtschaft (Hrsg.): *Grüner Bericht 2007.* Eigenverlag, Wien 2007, zitiert nach AMS

[6] Bundesamt für Statistik (http://www.bfs.admin.ch/bfs/portal/de/index/themen/07/22/publ.html?publicationID=3895)

[7] http://usa.usembassy.de/wirtschaft-landwirtschaft.htm

[8] Statistiken der Europäischen Union (http://europa.eu/documentation/statistics-polls/index_de.htm)

[9] Friedrich Golter: 35 Jahre für die Bauern, Verlag Ulmer Stuttgart 2002 ISBN 3-8001-4190-6

[10] Manfred Raupp Energiepreise und Nahrungsversorgung (http://www.autorenweb.de/abfrage_texte.php3?id=8753)

[11] FAO Statistik 2009 (http://faostat.fao.org/site/339/default.aspx)

[12] Flade, Martin u. a. 2011. „Positionspapier zur aktuellen Bestandssituation der Vögel der Agrarlandschaft" herausgegeben von Deutsche Ornithologen-Gesellschaft und Dachverband Deutscher Avifaunisten. Abgerufen (http://www.do-g.de/fileadmin/do-g_dokumente/Positionspapier_Agrarv%C3%B6gel_DO-G_DDA_2011-10-03.pdf).

[13] Gründe für den Artenrückgang in der Feldflur (http://biotopfonds.de/ueber/gruende/)

[14] *Berufsgruppen: Land- und Forstwirtschaft/Tiere/Pflanzen/Hauswirtschaft.* (http://www.bic.at/bic_brfzustieg3.php?tab=3) In: *BIC BerufsInformationsComputer.* Wirtschaftskammer Österreich, abgerufen am 8. August 2008.

[15] *Arbeitsfelder: Der grüne Daumen.* (http://www.bic.at/bic_brfzustieg1.php?tab=1) In: *BIC BerufsInformationsComputer.* Wirtschaftskammer Österreich, abgerufen am 25. Mai 2008.

[16] *Reform der landwirtschaftlichen Berufsbildung.* (http://www.aviforum.ch/downloads/Stand der Reform Berufsbildung.doc) AVIFORUM, 8. August 2007, abgerufen am 8. August 2008 (doc, de).

[17] *Landwirtschaftliche Berufe in Kraft* (http://www.bbaktuell.ch/node/2020), News aus der Schweizer Berufsbildung, bbaktuell.ch

[18] *Bildung.* (http://www.landwirtschaft.ch/de/wissen/bildungforschung/bildung/) LID.CH Landwirtschaftlicher Informationsdienst, abgerufen am 8. August 2008 (de).

[19] *Berufsfeld: Natur.* (http://www.berufsberatung.ch/dyn/1203.asp?form_submit=true&zihlmannid=1&zihlmann=Natur) In: *Berufe und Ausbildungen.* Die Schweizerische Berufsberatung im Internet, berufsberatung.ch, abgerufen am 8. August 2008 (de).

[20] *Berufsfeld: Nahrung.* (http://www.berufsberatung.ch/dyn/1203.asp?form_submit=true&zihlmannid=2&zihlmann=Nahrung) In: *Berufe und Ausbildungen.* Die Schweizerische Berufsberatung im Internet, berufsberatung.ch, abgerufen am 8. August 2008 (de).

[21] http://www.bpb.de/files/DK819F.pdf

[22] http://www.bfs.admin.ch/bfs/portal/de/index/themen/07/03.html

[23] http://www.blw.admin.ch/

[24] https://www.destatis.de/DE/ZahlenFakten/Wirtschaftsbereiche/LandForstwirtschaft/LandForstwirtschaft.html

[25] https://www.destatis.de/DE/Publikationen/WirtschaftStatistik/WirtschaftStatistikLandForstwirtschaft.html

[26] http://www.landwirtschaft.ch/de/

[27] http://www.Der-Landwirt-schafft.de/

[28] http://www.meine-landwirtschaft.de/

[29] http://de.wikipedia.org/wiki/Greenpilot

[30] http://www.greenpilot.de
[31] http://www.biotopfonds.de/

# Obst

**Obst** ist ein Sammelbegriff der für den Menschen genießbaren Früchte und Samen von meistens mehrjährigen Bäumen und Sträuchern, die zum größten Teil roh gegessen werden können. In Deutschland liegt der tägliche Verzehr von Obst und Obsterzeugnissen (ohne Obstsäfte) laut einer Studie von 2008 bei Männern bei 230 g und bei Frauen bei 278 g.[1]

Obstkorb

## Begriffsklärung

Ursprünglich bedeutete der althochdeutsche Begriff *obez* als „Zukost" alles, was außer Brot und Fleisch verzehrt wurde, auch Hülsenfrüchte, Gemüse und Ähnliches.

Obstmarkt in La Boqueria, Barcelona

Die Unterscheidung zwischen Obst und Gemüse ist unscharf. In der Regel stammt Obst von mehrjährigen und Gemüse von einjährigen Pflanzen (Lebensmitteldefinition). Der Zuckergehalt beim Obst ist meist höher. Botanisch gesehen entsteht Obst aus der befruchteten Blüte. Gemüse entsteht aus anderen Pflanzenteilen. Paprika, Tomaten, Zucchini, Kürbisse und Gurken sind zwar Früchte und gehören laut der obigen (botanischen) Definition zu Obst (befruchtete Blüte), werden aber als einjährige Pflanzen (Lebensmitteldefinition: Gemüse) und gemeinhin wegen der fehlenden Süße bzw. Säure als Fruchtgemüse bezeichnet. Rhabarber hingegen ist ein Blattstiel, wird aber auch als Obst verwendet.

Die unten beschriebene Einteilung von Obst (Kernobst, Steinobst ...) ist die heute im Handel übliche. In der Botanik dagegen fasst man unter dem Sammelbegriff Obst „alle diejenigen Samen und Früchte kultivierter oder wild wachsender Pflanzen zusammen, die im Allgemeinen roh gegessen werden und von angenehmem, meist süßlichem oder säuerlichem Geschmack sind. Sofern es sich dabei um Samen handelt, sind sie auch wegen des Kaloriengehaltes sehr nahrhaft, während Früchte, deren Samen häufig nicht mit verzehrt werden, in der Regel Fruchtfleisch mit hohem Wassergehalt und daher nur geringen Nährwert besitzen. Dank ihres Gehalts an Vitaminen und Mineralsalzen stellen sie aber [...] eine wichtige Ergänzung zur Nahrung dar [...]."[2] .

# Einteilung

## Obstarten

Verschiedene Pflanzengruppen der Nutzpflanzen und deren Arten geben Früchte, die als Obst bezeichnet werden. Die Einteilung von Obst erfolgt in Gartenbau und Handel nicht streng botanisch. Die typischen Artengruppen sind Kernobst, Steinobst, Beerenobst, Schalenobst, klassische Südfrüchte, weitere exotische Früchte, und wie Obst verwendetes Gemüse.

Obst aller Arten auf einem Obstmarkt in Berlin

Daneben gilt auch eine Einteilung nach „heimisch", und importierte Waren verschiedener Art (etwa als *Flugobst*) aus Sicht der Herkunft und des Transports, sowie seit einiger Zeit *aus biologischem Anbau* im Sinne einer Qualitätsangabe. Außerdem gibt es noch kaum gewerbsmäßig genutztes Wildobst.

## Obstsorten

Innerhalb einer obsttragenden Art gibt es zahlreiche züchterische Sorten, also Varietäten verschiedener Eigenschaften, was Aussehen, Gehalt und Eigenschaften bezüglich Reife, Lagerung und Verwendung betrifft. Geschützte Handelssorten unterliegen dem Sortenschutz, daneben gibt es auch zahlreiche traditionelle Sorten (*Alte Sorte* genannt), die sich in der regionalen Landwirtschaftsgeschichte entwickelt haben. Hier spricht man dann etwa von *Edelsorte* und *Bauernobst.*

Obst nach Sorten getrennt und nach Arten in Regalen einsortiert, im Supermarkt

Zu den Sorten einzelner Arten

- Liste der Apfelsorten
- Liste der Birnensorten
- Tafeltraube (Sorten zum Keltern nennt man Rebsorte)

sowie die jeweiligen Abschnitte der Artikel zur Obstart

Je nach Obstnutzung spricht man etwa von *Tafel-* und *Wirtschaftsobst*, ersteres Sorten von bester Qualität für den Einzelhandel und direkten Verzehr, zweiteres für die Weiterverarbeitung, also Saftproduktion, Einmachobst und Ähnliches sowie *Industrieobst* als Rohstoff spezieller Produkte, wie Geliermittel oder Lebensmittelzusatzstoffen und Farbstoffen.

Typische Nutzungssorten sind etwa *Lagerobst*, das erst nachreift und nicht gekühlt oder sofort verzehrt werden muss, oder spezielle *Kochobstsorten* mit sich erst durch Erwärmung entwickelndem Geschmack.

### Qualitätsklassen

Sortiert werden die einzelnen Früchte nach Größe und Qualität auch in verschiedene Handelsklassen. Exemplare, die die Anforderungen an die Handelsklassen nicht erfüllen, werden dann aussortiert und schlechteren Nutzungsformen zugeführt. Extra, I und II sind die Qualitätsklassen.

## Siehe auch

- Liste der Gemüse
- Liste der Nutzpflanzen
- Obstbau
- Bildtafel Obst und Gemüse
- Fruchtgemüse
- Rohkost

## Literatur


- Wolfgang Franke: *Nutzpflanzenkunde: nutzbare Gewächse der gemäßigten Breiten, Subtropen und Tropen.* 6. Auflage, Thieme, Stuttgart 1997, ISBN 3-13-530406-X.
- G. Liebster: *Warenkunde Obst.* Hädecke, 1999, ISBN 3-7750-0301-0.
- Pierre-Marie Valat; Pascale de Bourgoing: *Der Apfel und andere Früchte.* Mannheim 1992, ISBN 3-411-08541-X.
- Lothar Bendel: *Das große Früchte- und Gemüselexikon*, Patmos, 2002, ISBN 3-491-96066-5.


## Weblinks

- Lebensmittel von A-Z: Obst [3] auf was-wir-essen.de

## Einzelnachweise

[1] Nationale Verzehrsstudie II (http://www.was-esse-ich.de/index.php?id=74), BMELV und Max Rubner-Institut, 2008

[2] Franke, S. 246

[3] http://www.was-wir-essen.de/abisz/obst.php

# Adamswiller

| Adamswiller | |
|---|---|
|  |  |
| Region | Elsass |
| Département | Bas-Rhin |
| Arrondissement | Saverne |
| Kanton | Drulingen |
| Koordinaten | [//toolserver.org/~geohack/geohack.php?pagename=Adamswiller&language=de¶ms=48.9047222222_N_7.20277777778_E_dim:20000_region:FR-67_type:city(387)&title=Adamswiller 48° 54′ N, 7° 12′ O]Koordinaten: [//toolserver.org/~geohack/geohack.php?pagename=Adamswiller&language=de¶ms=48.9047222222_N_7.20277777778_E_dim:20000_region:FR-67_type:city(387) 48° 54′ N, 7° 12′ O] |
| Höhe | 276 m (234–303 m) |
| Fläche | 3.40 km² |
| Einwohner | 387 (1. Jan 2009) |
| Bevölkerungsdichte | 114 Einw./km² |
| Postleitzahl | 67320 |
| INSEE-Code | 67002 [1] |

Luftaufnahme von Adamswiller

**Adamswiller** (deutsch *Adamsweiler*) ist eine Gemeinde im Kanton Drulingen in der Region Unterelsass (Département *Bas-Rhin*) in Frankreich. Sie ist Mitglied der Communauté de communes d'Alsace Bossue.

## Geografie

Das Straßendorf liegt am Rande des Naturparks Nordvogesen.

## Bevölkerungsentwicklung

| 1962 | 1968 | 1975 | 1982 | 1990 | 1999 |
|---|---|---|---|---|---|
| 406 | 427 | 429 | 460 | 469 | 459 |

## Weblinks

- Adamswiller [2] bei der *Communauté de communes d'Alsace Bossue* (französisch)

## References

[1] http://recensement.insee.fr/searchResults.action?codeZone=67002-COM
[2] http://www.cc-alsace-bossue.net/html/index.php?page=2&menu1=17&menu2=1&menu3=6&page_id=721

# Asswiller

| Asswiller | |
|---|---|
| | |
| egion | Elsass |
| épartement | Bas-Rhin |
| rrondissement | Saverne |
| anton | Drulingen |
| oordinaten | [//toolserver.org/~geohack/geohack.php?pagename=Asswiller&language=de¶ms=48.8811111111_N_7.22027777778_E_dim:20000_region:FR-67_type:city(282)&title=Asswiller 48° 53′ N, 7° 13′ O]Koordinaten: [//toolserver.org/~geohack/geohack.php?pagename=Asswiller&language=de¶ms=48.8811111111_N_7.22027777778_E_dim:20000_region:FR-67_type:city(282) 48° 53′ N, 7° 13′ O] |
| öhe | 309 m (256–337 m) |
| läche | 6.02 km² |
| inwohner | 282 (1. Jan 2009) |
| evölkerungsdichte | 47 Einw./km² |
| ostleitzahl | 67320 |
| NSEE-Code | 67013 [1] |

**Asswiller** (deutsch *Aßweiler*) ist eine französische Gemeinde im Département Bas-Rhin im Krummen Elsass am Rande des Naturparks der Nordvogesen.

## Geografie

Asswiller grenzt im Südwesten an den Kantonshauptort Drulingen. Andere Nachbargemeinden sind Durstel im Nordwesten, Tieffenbach im Norden, Struth im Nordosten, Petersbach im Osten und Ottwiller im Süden.

## Geschichte

Ein hier gefundenes Flachrelief deutet auf eine Besiedelung in gallisch-römischer Zeit hin. Während des Pfälzischen Krieges wurde der Ort von König Ludwig XIV. annektiert und nach dem Frieden von Ryswick wieder zurückgegeben.[2]

### Bevölkerungsentwicklung

| Jahr | 1962 | 1968 | 1975 | 1982 | 1990 | 1999 | 2006 |
|---|---|---|---|---|---|---|---|
| Einwohner | 223 | 238 | 225 | 218 | 215 | 230 | 264 |

## Kultur und Sehenswürdigkeiten

- Am Ort findet man Reste eines Schlosses aus dem 18. Jahrhundert.
- Das Pfarrhaus und die evangelische Kirche stammen ebenfalls aus dem 18. Jahrhundert
- Der *Bois d'Hinterwald* in unmittelbarer Nähe bietet für Einheimische und Touristen Erholung.

## Einzelnachweise

[1] http://recensement.insee.fr/searchResults.action?codeZone=67013-COM

[2] Asswiller (http://www.quid.fr/communes.html?mode=detail&id=11&req=Asswiller&style=fiche) bei Quid.fr

## Weblinks

- Asswiller (http://www.cc-alsace-bossue.net/html/index.php?page=2&menu1=17&menu2=1&menu3=6&page_id=722) bei der Communauté de communes d'Alsace Bossue (französisch)

# Baerendorf

| Baerendorf | |
|---|---|
| | |
| Region | Elsass |
| Département | Bas-Rhin |
| Arrondissement | Saverne |
| Kanton | Drulingen |
| Koordinaten | [//toolserver.org/~geohack/geohack.php?pagename=Baerendorf&language=de¶ms=48.8386111111_N_7.085_E_dim:20000_region:FR-67_type:city(305)&title=Baerendorf 48° 50′ N, 7° 5′ O]Koordinaten: [//toolserver.org/~geohack/geohack.php?pagename=Baerendorf&language=de¶ms=48.8386111111_N_7.085_E_dim:20000_region:FR-67_type:city(305) 48° 50′ N, 7° 5′ O] |
| Höhe | 245 m (237–332 m) |
| Fläche | 7.53 km² |
| Einwohner | 305 (1. Jan 2009) |
| Bevölkerungsdichte | 41 Einw./km² |
| Postleitzahl | 67320 |
| INSEE-Code | 67017 [1] |

**Baerendorf** (deutsch *Bärendorf*) ist eine französische Gemeinde im Elsass mit rund 300 Einwohnern. Sie gehört zum Kanton Drulingen im Arrondissement Saverne, Département Bas-Rhin.

## Geografie

Baerendorf liegt im Krummen Elsass an der Grenze zu Lothringen und ist im Norden mit der lothringischen Gemeinde Postroff benachbart. Die anderen Nachbargemeinden im Uhrzeigersinn sind Eschwiller im Nordosten, Hirschland im Osten, Rauwiller im Südosten, Gœrlingen im Süden und Kirrberg im Westen.

Das Dorf liegt zwischen Sarrebourg und Sarre-Union und ist von beiden jeweils rund 10 km entfernt. Es wird zunächst in Süd-Nord-, dann in Ost-West-Richtung von der Isch, einem rechten Zufluss der Saar, umflossen. Abwärts, westlich des Dorfs mündet von links der *Brueschbach* in die Isch.

## Geschichte

Baerendorf wurde 712 in einer Urkunde des Klosters Weißenburg erstmals erwähnt. Es gehörte zur Grafschaft Saarwerden, dann zur Herrschaft Finstingen, zum Herzogtum Lothringen und schließlich zur Grafschaft Nassau-Saarbrücken und kam 1793 zu Frankreich.

Das Dorf wurde während des Zweiten Weltkriegs im Herbst 1944 schwer beschädigt, die Pfarrkirche von 1774 fast vollständig zerstört. Sie wurde ab 1955 wieder aufgebaut.

## Politik

Baerendorf ist Mitglied der Communauté de communes d'Alsace Bossue.

## Weblinks

- Baerendorf [2] bei der *Communauté de communes d'Alsace Bossue* (französisch)

## References

[1] http://recensement.insee.fr/searchResults.action?codeZone=67017-COM
[2] http://www.cc-alsace-bossue.net/html/index.php?page=2&menu1=17&menu2=1&menu3=6&page_id=724

# Bettwiller

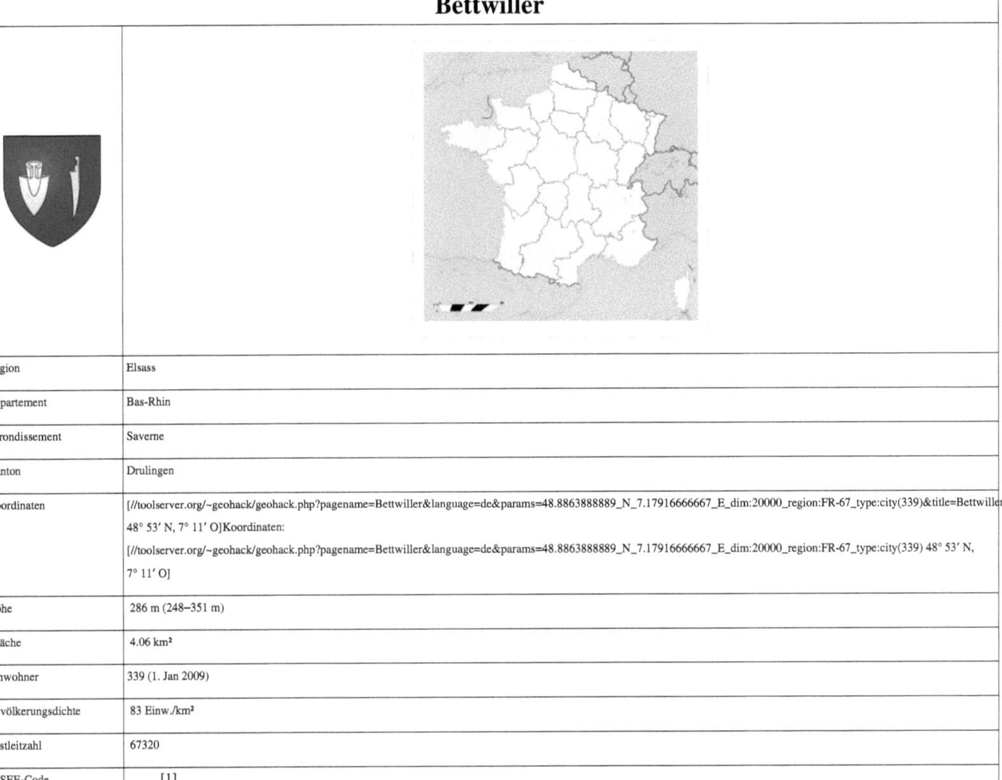

| Bettwiller | |
|---|---|
| Region | Elsass |
| Département | Bas-Rhin |
| Arrondissement | Saverne |
| Kanton | Drulingen |
| Koordinaten | [//toolserver.org/~geohack/geohack.php?pagename=Bettwiller&language=de¶ms=48.8863888889_N_7.17916666667_E_dim:20000_region:FR-67_type:city(339)&title=Bettwiller 48° 53′ N, 7° 11′ O]Koordinaten: [//toolserver.org/~geohack/geohack.php?pagename=Bettwiller&language=de¶ms=48.8863888889_N_7.17916666667_E_dim:20000_region:FR-67_type:city(339) 48° 53′ N, 7° 11′ O] |
| Höhe | 286 m (248–351 m) |
| Fläche | 4.06 km² |
| Einwohner | 339 (1. Jan 2009) |
| Bevölkerungsdichte | 83 Einw./km² |
| Postleitzahl | 67320 |
| INSEE-Code | 67036 [1] |

**Bettwiller** (deutsch *Bettweiler*) ist eine Gemeinde im Kanton Drulingen in der Region Unterelsass (Département *Bas-Rhin*) in Frankreich. Sie ist Mitglied der Communauté de communes d'Alsace Bossue.

## Geografie

Die Gemeinde Bettwiller liegt im Krummen Elsass, zehn Kilometer südöstlich von Sarre-Union.

Nachbargemeinden von Bettwiller sind nächstgelegenen Orte sind Rexingen im Norden, Durstel im Osten, Drulingen im Süden, Weyer und Gungwiller im Südwesten sowie Berg im Westen.

## Bevölkerungsentwicklung

| Jahr | 1962 | 1968 | 1975 | 1982 | 1990 | 1999 | 2007 |
|---|---|---|---|---|---|---|---|
| Einwohner | 265 | 283 | 302 | 332 | 347 | 332 | 338 |

## References

[1] http://recensement.insee.fr/searchResults.action?codeZone=67036-COM

# Burbach_(Bas-Rhin)

| Burbach | |
|---|---|
| | |
| Region | Elsass |
| Département | Bas-Rhin |
| Arrondissement | Saverne |
| Kanton | Drulingen |
| Koordinaten | [//toolserver.org/~geohack/geohack.php?pagename=Burbach_%28Bas-Rhin%29&language=de¶ms=48.9011111111_N_7.11194444444_E_dim:20000_region:FR-67_type:city(322)&title=Burb 48° 54′ N, 7° 7′ O]Koordinaten: [//toolserver.org/~geohack/geohack.php?pagename=Burbach_%28Bas-Rhin%29&language=de¶ms=48.9011111111_N_7.11194444444_E_dim:20000_region:FR-67_type:city(322) 48° 54′ N, 7° 7′ O] |
| Höhe | 274 m (238–348 m) |
| Fläche | 6.34 km² |
| Einwohner | 322 (1. Jan 2009) |
| Bevölkerungsdichte | 51 Einw./km² |
| Postleitzahl | 67260 |
| INSEE-Code | 67070 [1] |

**Burbach** ist eine Gemeinde im französischen Département Bas-Rhin im Elsass.

## Politik

Burbach ist ein Mitglied der Communauté de communes d'Alsace Bossue.

## Weblinks

- Burbach [2] bei der *Communauté de communes d'Alsace Bossue* (französisch)

## References

[1] http://recensement.insee.fr/searchResults.action?codeZone=67070-COM
[2] http://www.cc-alsace-bossue.net/html/index.php?page=2&menu1=17&menu2=1&menu3=6&page_id=728

# Article Sources and Contributors

**Berg_(Bas-Rhin)** *Source*: http://de.wikipedia.org/w/index.php?title=Berg_%28Bas-Rhin%29 *Contributors*: Ambroix, Axolotl Nr.733, Batke, Bildungsbürger, Chleo, EHaseler, Entlinkt, Inkowik, Liesel, PatDi, Rauenstein, Uneinsichtiger, 1 anonymous edits

**Frankreich** *Source*: http://de.wikipedia.org/w/index.php?title=Frankreich *Contributors*: 1001, 130.60.153.xxx, 1971markus, 1fidel, 211.160.186.195.dial.bluewin.ch, 3268zauber, 4tilden, ABF, AHOR, APPER, Achim Jäger, Achsenzeit, Aclockworkorange, Aconcagua, Adlbu, Adlel, Aka, Alabasterstein, Alaska hal, Alexander Leischner, AlexdG, Alib, Alkab, AllesMeins, Allesmüller, Alpha Kappa, Alpharazor, Andibrunt, Andim, Andreas 06, AndreasWolf, Andrest, Andyg, Antemister, Apokrif, Ares33, Aries, Armin P., Aschmidt, Asdert, Attila v. Wurzbach, Autofan, Automodeller, Avoided, Azdak, B.Thomas95, BLueFiSH.as, Badener, Baird's Tapir, Balû, Baronnet, Baslerstab, Bastieh, Bdk, Bejo, Ben-Zin, Ben776, Benatrevqre, Bender235, Bene16, Berg2, BerndB, Bernhard55, Besserwissi, Bierdimpfl, Billy.shears, Birger Fricke, Bjb, Björn Siebke, Blaubahn, BlauerBueffel, Blunt., Bobinson, Bodhi-Baum, Boecko, Bomzibar, Bsmuc64, Burdigala, Bwhl85, Böhser Onkel, C.Löser, Callaghan, Calvin Ballantine, Capriccio, CaptPicard, Carol.Christiansen, Carsten Sohn, CdaMVvWgS, Cfaerber, Chaddy, Chauki, Cherboy, Chrisfrenzel, Christian140, Christoph D, Christophe Watier, Chupa, Cidor, Claudia1220, Coaster J, Common Senser, Complex, Conny, Conspiration, Conversion script, Corrigo, Creando, Cruks, Crux, D, DAJ, DE, Daaavid, Dachris, Daniel FR, Daniel Mex, Darev, Dauid, David Liuzzo, David.Monniaux, Dbenzhuser, DeCoolRuler, Decius, Denkfabrikant, Der Stachel, Der Statistiker, DerHerrMigo, DerHexer, DerSchim, Diba, DiomedesTW, DivkazPrahy, Diwas, Dlonra, Dnaber, DocBrown, Dolphin.fra, Domenico-de-ga, Dominik, Dominik481, Don Magnifico, Don Quichote, Dr. Manuel, Dundak, Désirée2, EBB, ERabung, EUBürger, Echtio, Eckert500, Edfand, Ein anderer Name, Einar Moses Wohltun, Eingangskontrolle, Eisbaer44, Eiwerschgewass, ElRaki, Elian, Elop, Elvaube, Emmeff, Enst38, Erasmuse, Erazerhead99, ErhardRainer, ErikDunsing, Eriosw, Erwin E aus U, Euku, Exa, Excalibur*, FAN2LOR, Faber-Castell, Faltenwolf, Fantom, Farino, Fatttoni, Fedi, Felistoria, Felix Stember, Fierabrás, Filzstift, Fish-guts, Fkeck, Flominator, Florian-stern, Florian.Keßler, Flotterfloh, Fomafix, Foundert, Franjo, Frank-m, Frankey25, Franzsimon, Freedomsaver, Freigut, Fristu, Fritz, Fujnky, Fullhouse, Furfur, Fusslkopp, Fäberer, GDK, GFJ, GNosis, Gaga, Galaxy07, Gamma9, Gancho, Gardini, Geggo, Generalpd, Gerbil, Geschichtsfan, Gibo64, Giftmischer, Gnu1742, Goliath613, Gordito1869, Grcem, Grrrubber, Gudrun Meyer, Gugganij, Gulp, GuterSoldat, H-stt, H0tte, HRoestTypo, HWWI, HaeB, Haeber, Hank van Helvete, Hannes Röst, Hans Braxmeier, Hans J. Castorp, Hans-AC, Hansele, Haring, Harry8, Hashar, Hasi007, Haster, He3nry, Head, Heeeey, HeiligerKrieger, Heinte, Helenopel, Hendric Stattmann, Henriette Fiebig, Herr Klugbeisser, Hesse-Kücke, Holger I., Horst, Hummelblau.de, Hydro, Hytrion, I Like Their Waters, IGEL, IVo, Igelball, InWind, Inkowik, Italiano90, Italianoxsempre, J budissin, J. Schwerdtfeger, JCIV, JD, JFKCom, JOE, JSTC, Jaaandf, JackPotte, Jacques, Janneman, Janus deus, Jeanyfan, Jed, Jergen, Jo Oh, Jobu0101, Johannes XXIII., Johnny47, Jonathan Groß, Jpp, Juegoe, Juesch, Juhan, Julian Herzog, Kako, Kam Solusar, Karl Gruber, Karl-Henner, Katpatuka, Kaugummimann, Keichwa, King Milka, KingArthur4255, KingLion, Kipferl, Klare Kante, Klausfred555, Knarf-bz, Knochen, Kolja21, Kolossos, Kontrollstellekundl, Kookaburra, Kriegslüsterner, Krombacher, Kubi, Kubrick, Kuemmjen, Kuine, Kunani, LIU, LKD, Laba84, Ladyt, Lear 21, Leipnizkeks, Leit, Leronoth, Leuche, Liberatus, Lijealso, Littl, Liubico, Liuthalas, Lou.gruber, Louis le Grand, Lucius1976, Lukian, Lung, Lupíro, Lyciscos, Löwenzahn1, M-A-S, M.Bmg, MAK, MARK, MAY, MB-one, MaCRoEco, Machahn, Maclemo, Mad2000, Magnummandel, Magnus, Magnus Manske, Managementboy, Manecke, Manu, Marcus Schätzle, Mariachi, MarioF, Marriex, Martin-vogel, Martinroell, Martinwilke1980, Matt1971, Matthead, Matthias Schneider, Matthäus Wander, Mawa, Maximilianh, Mazbln, Media lib, Melancholie, Merlishn, Metroskop, Meusch Verlag, Mh26, Michael Fichmann, Michael Fleischhacker, Michael Sander, MichaelDiederich, Michail, Michail der Trunkene, MichiK, Mifrank, Mikue, Mitterertux, Mitternacht, Mnh, Mocy, Mogelzahn, Moi, Monsterxxl, Moros, Morten Haan, Mr.McLeod, Mrlu, Mrtnnadine, Muhamed, Mvb, N.a.b.a.d.w.i.s, NCC1291, NEXT903125, Nasagriel, Ne discere cessa!, NebMaatRe, Nephelin, Nerd, Nerdi, Nergal, Neun-x, Neuroca, Nexialist, Ngowatchtransparent, NiTenIchiRyu, Nichtbesserwisser, Nico Düsing, Nicor, Nils Simon, Nocturne, Nolispanmo, Noogle, Normalo, Nosgart, Numbo3, OLTMAR, Obersachse, Odo2004, Oeke, Oenie, Oktavian, Ole62, Orci, Orik, Otberg, Otto Normalverbraucher, Ottomanisch, Owltom, P A, P. Birken, PDD, PIGSgrame, PatriceNeff, Pb 2001, PeeCee, Pelagus, Perrak, Pessottino, Peter Eisenburger, PhHertzog, PhJ, Phasenverschiebung, Philipendula, Philippjohn599, Phrood, Pianojoe, Piedro, Pierre gronau, Pikku, Pischdi, Pit, Pittimann, Plumpaquatsch, Pneumothorax, PointedEars, Polarlys, PolskiNiemiec, Porti, Poupée de chaussette, Pressi 89, Preusse, Printe82, Prüm, PsY.cHo, Psi007, Purodha, RJensch, RNB-BOY, RUUBYN, Rador, Radyserb-student, Randy43, Ratatosk, Raymond, Rdb, Redf0x, Redfive, Reen, Regi51, Regnaron, Reinhard Kraasch, Renihase, Revvar, Reykholt, Rho, Richie, Rick Blaine, Rolling Thunder, Rolz-reus, Romanm, Rosch2610, Rosenzweig, Rostdi, Roterraecher, Roughneck, Roxanna, Rudolf Pohl, RyanMcKenzie, S.K., SDB, STBR, Sabora, Saehrimnir, Sallynase, Sansculotte, Sardur, Schaengel89, SchirmerPower, Schnabias, Schnargel, Schumir, Schwarzschachtel, Sciurus, Sea-empress, Sebastianvader, Sechmet, Secular mind, Seewolf, Sefo, Segelboot, Seidl, Semper, Shelm23, Sheriff3, Sicherlich, Siebzehnwolkenfrei, Silberchen, Simpsonsfan2, Sir, Sir Gawain, Ska13351, Skipper69, Smurf, Sneecs, Socialmediaschweiz, Solid State, SoniC, Southpark, Spades, Sprachpfleger, Sproink, Spuk968, Spundun, St.Krekeler, Stadtmaus0815, Stahlkocher, SteMicha, Stefan Kühn, Stefanbw, Steffen M., SteffenMP, Steffenausparis, Steinmetz (AC), Stephele, Stern, Stillhart, Stroehli, StsChaZs, Sturmbringer, Succu, Suombe, Sven-steffen arndt, Svens Welt, Svíčková, SwissAirForceSoldier, Sylvia Hülse, TUBS, Taxiarchos228, Tbony, Tcp, Telim tor, Tellensohn, Tenbysie, Teqsun81, Testtube, TheK, Theclaw, Thire, Thomas, Thomas2006, Thommess, Thorbjoern, Tilman Berger, Tim, Tim.landscheidt, Timk70, Timo Müller, Tiontai, Tirelietirelei, Toblu, Tobnu, TobyDZ, Tolanor, Tommy Kellas, Torus, Toter Alter Mann, Traveletti, Trebeta, Triebtäter, Tronicum, Träumer, Tsui, Ttog, Tuck2, Turbonachsichter, Tzzzpfff, UHT, Unscheinbar, Urbach, Ursutraide, Userhelp.ch, Uuu87, Uwe Gille, VIGNERON, Valentim, Valentin Dietrich, Vandalen Arschloch, Velbert2, Venividiwiki, Verita, Vervin, Vidarr, Video2005, Vigala Veia, Vladislav, Vodimivado, Volker Paix, Vorrauslöscher, Voyager, Vulture, W!B:, W. Berlin, WAH, WEBMASTER, WIKImaniac, WagnerAndreas, Webkid, Weisserd, Werewindle, WernerE, Wienerschnitzel, Wiki-observer, Wikidienst, Wilhans, Willicher, Wilske, Wnme, WolfgangRieger, WortUmBruch, Wotan, Wst, Wuschelkopf9, Xiao Lang, Xqt, Yaqwert, Yellowcard, Youandme, YourEyesOnly, Zahnstein, Zaphiro, Zaungast, Zeno Gantner, Zerbob, Ziko, Zulu55, Zumbo, Ĝù, 827 anonymous edits

**Gemeinde_(Frankreich)** *Source*: http://de.wikipedia.org/w/index.php?title=Gemeinde_%28Frankreich%29 *Contributors*: 1001, C.Löser, CommonsDelinker, Don Magnifico, Entlinkt, ErikDunsing, Florian Seffler, Foundert, Frank Schulenburg, Franzpaul, Gauss, Heinte, Jed, Kontrollstellekundl, Lderendi, Leit, Lirum Larum, Martin1978, Matthiasb, Memorino, Murli, Nhgtra, Numbo3, Peng, Ratzer, Rauenstein, Spuk968, SuperZebra, Telim tor, Testtube, Ttog, Ute Erb, W!B:, Wiki-Hypo, 13 anonymous edits

**Elsass** *Source*: http://de.wikipedia.org/w/index.php?title=Elsass *Contributors*: 08-15, 1001, 20percent, 4tilden, Achates, Adw, Ah, Ahandrich, Aka, Aktions, AlMa77, Alex Anlicker, AlexLevy, Alexander.stohr, Alfred Nobel, All'Arrabiata, Altenkim, Amurtiger, Andim, Andwiler Jauchegrubenservice, Anton-Josef, Arminia, ArthurMcGill, Asdfj, Avignon, B-greift, BPA, Badener, Baschti84, Bear, Ben-Zin, Benatrevqre, Bernhard Wallisch, Bernhard55, Berni229, BishkekRocks, Blaubahn, BlueMars, Bonzo*, Boris Fernbacher, Br, Brummfuss, Buchstapler, BurghardRichter, CWitte, Capuchão Vermelho, Carol.Christiansen, Ceddyfresse, Chaddy, Chesk, Chleo, ChrisStuggi, Chrissib1989, Christophe Watier, Church of emacs, Clockwise, Complex, Daniel FR, DanielXP, Daval, Daziboa, Definitiv, Der Bruzzla, Der Wolf im Wald, DerGraueWolf, DerHexer, Djmirko, Don Magnifico, Donatien, Dreizung, Dumbthingy, Echoray, Edelseider, Eintragung ins Nichts, Eisbaer44, Elfmeter, Ememaef, Engie, Entlinkt, Ephraim33, ErikDunsing, Evilboy, F.Bulla, Farino, Felix Stember, Fenice, Filzstift, Florian Adler, Florian K, Florian.Keßler, Florival fr, Flups, Frankee 67, Franz Jäger Berlin, Frau Olga, Fredo 93, Furfur, Fusslkopp, G-Michel-Hürth, GeorgGerber, Geroldsecker, Gf1961, Giro, Glglgl, Guillermo, Gunther, HaeB, Halut, Hansbaer, Hardenacke, He3nry, Heinte, Hendergassler, Henriko, Hermannthomas, Herzi Pinki, Hey Teacher, Hochstapler, Hofres, Holder, Holger1974, Holiday, Howwi, Hwman, Hydro, Igrimm12, Imperatom, Inkowik, Island, J. 'mach' wust, J.-H. Janßen, Jacques Wolber, Jan G, Jean-Pierre Mueller, Jeanfrance, JensBenecke, Jergen, Jfblanc, Jivee Blau, Jogo30, Jonathan Levy, Jordi, JuTa, Juhan, Justus Brücke, Kaffeefan, Kaisersoft, Kantor.JH, Karl 1, Karl-Henner, Karsten11, Kku, Koerpertraining, Kookaburra, Kopoltra, Kpjas, LKD, Lambert3, Leckherchen, Leichtbau, Leonard Vertighel, Leontopodium, Leshonai, Lisamarieh, Lou.gruber, Luberon, Ludger1961, Lupilinchen, Lutz H, Maclemo, Madden, Magadan, Magipulus, Magnummandel, Magnus, MalteF, Mannerheim, Margaux, Mark in the wiki, Marko K., Martin Bahmann, Martin Helfer, Martin Rasmussen, Martin Riesel, Matt1971, Mazbln, Mghamburg, Mhp1255, MichaelDiederich, Michail, Millbart, Milziade, Mipango, Mk53, Mnh, Mucalexx, Muck31, Musik-chris, Nassauer27, Neuroca, Nichtbesserwisser, Nightflyer, Nina, Numbo3, O.Koslowski, Otberg, Otempo, Papatt, Paris75000, Partysan, Pas äksaschere, PatDi, PaulMuaddib, Pbous, PeeWee, Pelz, Peter200, PeterBln, PhChAK, PhHertzog, Phil44879, Philipendula, Philipp Wetzlar, Pierre Audité, Pill, Piotron, Pittimann, Primus von Quack, Quasselkasper, Quinbus Flestrin, Quirin, Rainer Bielefeld, Rainer Lippert, Rauenstein, Rdb, Re probst, Regi51, Reinhard Kraasch, Reykholt, Rmuf, Rolf H., Rolf48, Roo1812, Rosa Lux, Roxanna, Rsteinkampf, SCPS, SJuergen, STBR, Salamando, Sargoth, Saturos123, Schaengel89, Schofför, Schubbay, Scissor, Seewolf, Seidl, Seitenverbesserer, Sendker, Sewa, SibFreak, Sidonius, Sitacuisses, Slartidan, Southpark, Sovereign, SpecialEd, Spuk968, Steevie, Stephele, Suisui, Supermartl, Tam, Testtube, ThePeter, Thorbjoern, Timo Müller, Timwi, Tjalf Boris Prößdorf, ToddyB, Toffel, Tolanor, Tquakulinsky, TravenTorsvan, Tsui, Turbonachsichter, Tönjes, Ubsrw, Ulbd digi, Umdenker, Umweltschützen, Unsterblicher, Ute-s, V.R.S., Video2005, Vikking2, Voyager, W!B:, Wahrerwattwurm, Wasserader, Wasseralm, Weiße Rose, Wiegels, Wiki surfer bcr, Wilske, Wolfgang1018, WolfgangRieger, YourEyesOnly, Yupanqui, Zeno Gantner, Zerebrum, Zkunftsträume, Zollernalb, Zumbo, Zundelfrieder, Лүц, 491 anonymous edits

**Bas-Rhin** *Source*: http://de.wikipedia.org/w/index.php?title=Bas-Rhin *Contributors*: 1001, 1rhb, Ahoerstemeier, Akkolon, Baladid, Bernard Ladenthin, Bjankuloski06de, Bärski, Carlotta wuschelkopf, ChristianBier, El., Ememaef, Evilboy, Fano, Farino, Feinschreiber, Frank Reinhart, Fusslkopp, Gf1961, Gus, Head, Hedavid, HeinzWörth, Helenopel, Holder, Jakob Gottfried, Jeanfrance, Jed, Jergen, Karsten11, Knud Klotz, MAK, Magadan, Mandre, MarkusH73, Matthiasb, Minalcar, Mschlindwein, Musik-chris, Nameless23, Nonmae, NordNordWest, Numbo3, PatDi, Perrak, Pierre Audité, Rauenstein, Reinhardhauke, Schaengel89, SuperZebra, TUBS, ThomasPusch, TomK32, Ttog, USR2504, Ubsrw, Ulamm, Ulbd digi, Visi-on, Vodimivado, Zaungast, Zeno Gantner, 81 anonymous edits

**Arrondissement_Saverne** *Source*: http://de.wikipedia.org/w/index.php?title=Arrondissement_Saverne *Contributors*: 1001, Armin P., Bärski, Definitiv, Edelseider, Entlinkt, Heimwerker, Holder, Jeanfrance, Jed, Laza, Magadan, Rauenstein, Schumir, Ttog, Voyager, 6 anonymous edits

**Kanton_Drulingen** *Source*: http://de.wikipedia.org/w/index.php?title=Kanton_Drulingen *Contributors*: Aka, Batke, Bernard Ladenthin, Bärski, Entlinkt, Holder, Jeanfrance, Jed, Magadan, PatDi, Pierre Audité, Srbauer, Stefanbw, Vodimivado, Voyager, 5 anonymous edits

**Communauté_de_communes_d'Alsace_Bossue** *Source*: http://de.wikipedia.org/w/index.php?title=Communaut%C3%A9_de_communes_d%E2%80%99Alsace_Bossue *Contributors*: Die Unschuld, Entlinkt, Hurriboy, Nepenthes, Patrick Bous, SCPS, Skipper69, Stanzilla, Uneinsichtiger, WIKImaniac, Århus, 2 anonymous edits

**Thal-Drulingen** *Source*: http://de.wikipedia.org/w/index.php?title=Thal-Drulingen *Contributors*: Chleo, David Brägger, EHaseler, Entlinkt, Titatitatitatita

**Krummes_Elsass** *Source*: http://de.wikipedia.org/w/index.php?title=Krummes_Elsass *Contributors*: .Mag, Chleo, Claus Ableiter, Dietrich, Dobby1397, EHaseler, Entlinkt, Gf1961, Holder, Joachim Specht, Rauenstein, Strommops, ThomasMuentzer, Tschäfer, Uneinsichtiger, 5 anonymous edits

**Landwirtschaft** *Source*: http://de.wikipedia.org/w/index.php?title=Landwirtschaft *Contributors*: 1001, 24-online, 25, 790, A.Savin, Abc2005, Adrechsel, Aglarech, Agrifood, Aka, Alauda, Alnilam, An-d, Andre Engels, Andreas Jochim, Anika, Anneke Wolf, Armin P., Arnomane, Avoided, Awilms, Bauernmagd, Baumfreund-FFM, Belladonna2, Ben-Zin, BenjiMantey, BerndH, Bigsmoke 74, Blaufisch, Blech, Blonder1984, Blortz, Brummfuss, Bücherwürmlein, C.Löser, Carol.Christiansen, Casra, Centic, Chaddy, Chriki, ChrisHamburg, Christian B. 1969, Christian gigge, Clemensfranz, CommonsDelinker, Complex, Conny, Conversion script, Crazybyte, Crissov, Cvk, D, Dagny, Dandelo, Darkone, DasFliewatüüt, David Sallaberger, Dejvid, Der kleine grüne Schornstein, Der.Traeumer, DerGraueWolf, DerHexer, Diba, Diddi, Divna Jaksic, Dr. med. Ieval, DrLee, DrV, DraGoth, Duits Frits, Dundak, Ebersberger, El., ElFarmer, ElRaki, Elg, EnERgYzEr, Engie, Entlinkt, Ephraim33, Ericsteinert, ErikDunsing, Etagenklo, Euphoriceyes, Eurostarter, EwigLernender, Fah, Farino, Felanox, Felix Blum, Fiat tux, Filzstift, Fish-guts, Flominator, Florian K, Flow666, Fmrauch, Frankrae, Franz Xaver, Fritz, Frosty79, Fspade, Geof, Gerbil, Gereon K., Gerhardvalentin, Gilliamjf, Gormo, Guandalug, HT12, Hadhuey, HaeB, Hans J. Castorp, Haraldbischoff, Hashar, HaukeZuehl, He3nry, Head, Heinz34, Helmut Zenz, Herrick, Himuralibima, Hinrich, Holscher, House1630, Howwi, Hubertl, Hungchaka, Hydro, Igge, In dubio pro dubio, Init, Inkowik, Interzeptionsverlust, Island, Iste Praetor, Jan123456, Janvonwerth, Jed, Jergen, Jivee Blau, JohannWalter, Johnny Controletti, Jonesey, JuergenL, Kam Solusar, Karl Gruber, Karl-Henner, Karsten11, Katach, Katharina, Keichwa, Kemenate, Kettenfangbolzen, Kku, Klingon83, Kliojünger, Krawi, Kuchs, Kuhlo, Kurt Jansson, LKD, Landwirt, Leithian, Liesel, Logograph, Lupino, Luuva, M.L, M@rkus, MGR, Mariachi, Martin Bahmann, Martin k, Martin-vogel, Martin1978, Matt1971, Media lib, Michael B, Mijobe, Mikue, Millbart, Mnh, Mo4jolo, Moguntiner, Morido, Muck31, Myhero, Myhero.at, Napa, Nere, Netsrac, Nicolas G., Nightflyer, Nikkis, Nockel12, Nocturne, OecherAlemanne, Ottomanisch, Paebi, Parmelina, Pendulin, Pentachlorphenol, Peter Littmann, Peter200, Peterlustig, PhJ, Philipendula, Pill, Pittimann, Plattmaster, Pm, Prinz Eugen 1683, Quanta1956, Rainer Lippert, Randolph33, ReHai, Regi51, Reinhard Kraasch, ReqEngineer, Ri st, RobertLechner, Rolf H., Rp., Rufus46, S.Didam, S.lukas, SHPT, STBR, Sallynase, Sandro Hassler, Schewek, Schlammungeheuer, Schlesinger, Schweinepriest, Scooter, Seigneur de Bougie, Semper, Simiooooooooo, Simonizer, Sinn, Slick, Smial, Smilelight, Snc, Sol1, Southpark, Spuk968, Stefan64, Stefanwege, Steffen, Stern, Sti, Stuffi, TheWolf, Timk70, Tippse, Tobias Bergemann, Tobias1983, Trg, Tribble, Tschaensky, Tsor, Tsui, Tw86, Tönjes, Ulrich.fuchs, Umweltschützen, Usquam, Uwe Gille, Verena harrer, Verum, VerwaisterArtikel, Vinci, Voltarin, W!B:, WAH, WagnerAndreas, Wahldresdner, Webverbesserer, Wielandfritz, Wissen schaft macht, WodyS, Wolfgang1018, Wst, XenonX3, Xocolatl, YourEyesOnly, Zaphiro, Zaungast, Zerohund, Zollernalb, Zoologe, 486 anonymous edits

**Obst** *Source*: http://de.wikipedia.org/w/index.php?title=Obst *Contributors*: 32X, AHZ, Abubiju, Aglarech, Ahoerstemeier, Aidarzver, Aka, Alex Anlicker, Algirdas, AndreasE, Andy king50, Aniu, Antaios, Aristeas, Avenid, Avoided, BBKurt, BLueFiSH.as, Baldhur, Balû, Baumst, Ben-Zin, Benzen, BesondereUmstaende, Björn Bornhöft, Blart, Boonekamp, Bullenwächter, Buxul, C.Wesner, Calculus, Calrosfking, Carstor, Chb, ChrisHamburg, Christian Lindecke, ChristophDemmer, Cologinux, Complex, Conny, Conversion script, Crux, Daaavid, Dachris, DasFliewatüüt, Der.Traeumer, DerHexer, Diba, Dicky Arts, Dinah, Dingutscal, Drahreg01, EHaseler, El., Emha, Engie, Ericsteinert, Fairplay, Felix Stember, Fgb, Flominator, Florian Fuchs, Franz Xaver, FriedhelmW, Fuenfundachtzig, Gerbil, Gnu1742, Gsälzbär, Guisquil, H0tte, HT12, Halbarath, Hans J. Castorp, Hardenacke, Harro von Wuff, Herr Klugbeisser, Herrick, Hi.ro, Hildegund, Hirt des Seyns, Holger666, Hoo man, Howwi, Hubertl, Hydro, Igge, Il Silenzio, Inkowik, Iste Praetor, Iwoelbern, JFKCom, JakobVoss, Jekub, Jivee Blau, Joni2, Juesch, Jörg Knappen, Kaisersoft, Kam Solusar, Kh80, Kickitlikeme, Kickof, Kku, Koch-Matzi, Krawi, Kulac, Lars Regensburger, Logograph, Macador, Markus Bärlocher, Martin-vogel, Martin1978, Maxb88, Mbdortmund, Media lib, Melchi, Michael w, Michail, Michivo, Mijobe, Mike Krüger, Mikue, Milad A380, Milopa, Mkleine, Moero, Morten Haan, Neuroca, Nicor, Nightflyer, Nina, NobbiP, Noder4, Pandaemonium, Paunaro, PeerBr, Peter200, PhJ, Philipendula, Pitichinaccio, Pittimann, Poupée de chaussette, Primus von Quack, Quilbert, Ralf Roletschek, RalfDA, Re-mark, Regi51, Reibberli, Riki1979, Robby4711, Robert Weemeyer, Roland Kaufmann, STBR, Schlaubi08, Schmiddtchen, Schnargel, Schumir, Schwer13, Sechmet, Serg!o, Sicherlich, SimSim1103, Sinn, Slimcase, Spuk968, StarFu, Stefan h, T. Schmidbauer, T.a.k., TheWolf, Theghaz, Tinz, Tlusta, Tobi B., Tom Lück, Tsor, Tönjes, Ukko, Uliholland, Ulm, Verita, Verum, Vic Fontaine, Visualiser, W!B:, WAH, Weiacher Geschichte(n), Westiandi, Wikibach, Wimox, Wolfgang1018, Wst, Xenos filos, YourEyesOnly, Zaibatsu, Zaphod Beeblebrox, 326 anonymous edits

**Adamswiller** *Source*: http://de.wikipedia.org/w/index.php?title=Adamswiller *Contributors*: And 3, Batke, Chleo, ChristianBier, Elsässässä, Entlinkt, Euku, Evilboy, Hurrliboy, Leit, Liesel, Nepenthes, Porsche Diesel, Re probst, Titatitatitatita, Uneinsichtiger, Xool, É, 2 anonymous edits

**Asswiller** *Source*: http://de.wikipedia.org/w/index.php?title=Asswiller *Contributors*: Chleo, ChristianBier, Der Wolf im Wald, Elsässässä, Entlinkt, Euku, Gast, Liesel, MAsTeR oF dEsAsTeR, Markus1983, Peng, Rainer Lippert, Rauenstein, Uneinsichtiger, WolfgangS, É, 2 anonymous edits

**Baerendorf** *Source*: http://de.wikipedia.org/w/index.php?title=Baerendorf *Contributors*: Aka, Ambroix, Batke, Chleo, Don Magnifico, Entlinkt, Hozro, Inkowik, Liesel, Pommesgabel, Timk70, Uneinsichtiger, 19 anonymous edits

**Bettwiller** *Source*: http://de.wikipedia.org/w/index.php?title=Bettwiller *Contributors*: Entlinkt, Furfur, Leit, Liesel, Matthiasb, Rauenstein, Vodimivado, Wiegels

**Burbach_(Bas-Rhin)** *Source*: http://de.wikipedia.org/w/index.php?title=Burbach_%28Bas-Rhin%29 *Contributors*: Ambroix, Batke, Chleo, Entlinkt, Liesel, Nepenthes, Rauenstein, Uneinsichtiger, 2 anonymous edits

# Image Sources, Licenses and Contributors

**Datei:Blason Berg 67.jpg** *Source*: http://de.wikipedia.org/w/index.php?title=Datei:Blason_Berg_67.jpg *License*: unknown *Contributors*: Ambroix, Inkowik, Rauenstein

**Datei:France location map-Regions.svg** *Source*: http://de.wikipedia.org/w/index.php?title=Datei:France_location_map-Regions.svg *License*: unknown *Contributors*: User:Sting

**Datei:Église-kirchberg.jpg** *Source*: http://de.wikipedia.org/w/index.php?title=Datei:Église-kirchberg.jpg *License*: unknown *Contributors*: User:Badzil

**Datei:Flag of France.svg** *Source*: http://de.wikipedia.org/w/index.php?title=Datei:Flag_of_France.svg *License*: unknown *Contributors*: User:SKopp, User:SKopp, User:SKopp, User:SKopp, User:SKopp, User:SKopp

**Datei:Armoiries république française.svg** *Source*: http://de.wikipedia.org/w/index.php?title=Datei:Armoiries_république_française.svg *License*: unknown *Contributors*: User:Wagner51

**Datei:France in the European Union on the globe (Europe centered).svg** *Source*: http://de.wikipedia.org/w/index.php?title=Datei:France_in_the_European_Union_on_the_globe_(Europe_centered).svg *License*: unknown *Contributors*: TUBS

**Datei:Karte Frankreich.PNG** *Source*: http://de.wikipedia.org/w/index.php?title=Datei:Karte_Frankreich.PNG *License*: unknown *Contributors*: Hégésippe Cormier, Maksim, Olivier2, Papatt, Wouterhagens, 5 anonymous edits

**Datei:Logo de la République française.svg** *Source*: http://de.wikipedia.org/w/index.php?title=Datei:Logo_de_la_République_française.svg *License*: unknown *Contributors*: Aaker, Alkamid, Bcnof, Beao, Blinking Spirit, Coyau, Cybercobra, Dahn, Duduziq, Essam Sharaf, Fry1989, Jack Phoenix, JenVan, Kyle the hacker, MSClaudiu, PhiLiP, Razzairpina, SRyll, Sarang, Tonym88, Ve4ernik, Writtenright, Wwooter, Zscout370, 28 anonymous edits

**Datei:Frankreich Relief.png** *Source*: http://de.wikipedia.org/w/index.php?title=Datei:Frankreich_Relief.png *License*: unknown *Contributors*: User:Hans_Braxmeier

**Datei:EducationFr.svg** *Source*: http://de.wikipedia.org/w/index.php?title=Datei:EducationFr.svg *License*: unknown *Contributors*: Thomas Steiner

**Datei:Langues de la France.svg** *Source*: http://de.wikipedia.org/w/index.php?title=Datei:Langues_de_la_France.svg *License*: unknown *Contributors*: User:Emmanuel.boutet, User:Hellotheworld, User:Sting

**Datei:Map Gallia Tribes Towns.png** *Source*: http://de.wikipedia.org/w/index.php?title=Datei:Map_Gallia_Tribes_Towns.png *License*: unknown *Contributors*: David Kernow, Dejvid, Dirk Hünniger, Feitscherg, Flamarande, HenkvD, It Is Me Here, JMK, Linguae, Longbow4u, Mattbuck, Peregrine981, Rory096, Teofilo, The RedBurn, Tryphon, ¡0-8-15!, 5 anonymous edits

**Datei:Joan of arc miniature graded.jpg** *Source*: http://de.wikipedia.org/w/index.php?title=Datei:Joan_of_arc_miniature_graded.jpg *License*: unknown *Contributors*: AnnaKucsma, Bibi Saint-Pol, Bohème, Bukk, Computergeeksjw, Demos, Fanghong, Mattes, Paddy, Schaengel89, Shakko, The Anome, Wolfmann, Wst, 2 anonymous edits

**Datei:Prise de la Bastille.jpg** *Source*: http://de.wikipedia.org/w/index.php?title=Datei:Prise_de_la_Bastille.jpg *License*: unknown *Contributors*: Jean-Pierre Houël (1735-1813)

**Datei:Schlacht von Sedan Uebergabe des Kaisers.jpg** *Source*: http://de.wikipedia.org/w/index.php?title=Datei:Schlacht_von_Sedan_Uebergabe_des_Kaisers.jpg *License*: unknown *Contributors*: "PUBLISHED BY CURRIER A IVES" steht auf dem Bild.. Original uploader was Stefan Kühn at de.wikipedia

**Datei:J accuse.jpg** *Source*: http://de.wikipedia.org/w/index.php?title=Datei:J_accuse.jpg *License*: unknown *Contributors*: Émile Zola

**Datei:EGKS.png** *Source*: http://de.wikipedia.org/w/index.php?title=Datei:EGKS.png *License*: unknown *Contributors*: User:Immanuel Giel

**Datei:Palais Justice Paris.jpg** *Source*: http://de.wikipedia.org/w/index.php?title=Datei:Palais_Justice_Paris.jpg *License*: unknown *Contributors*: User:Benh

**Datei:PolSysFr.svg** *Source*: http://de.wikipedia.org/w/index.php?title=Datei:PolSysFr.svg *License*: unknown *Contributors*: Benutzer:Ladyt

**Datei:Paris Assemblee Nationale DSC00074.jpg** *Source*: http://de.wikipedia.org/w/index.php?title=Datei:Paris_Assemblee_Nationale_DSC00074.jpg *License*: unknown *Contributors*: User:David.Monniaux

**Datei:Seat allocation in french National Assembly.jpg** *Source*: http://de.wikipedia.org/w/index.php?title=Datei:Seat_allocation_in_french_National_Assembly.jpg *License*: unknown *Contributors*: User:Alpharazor

**Datei:ParlamentoEuropeo 2004 BE02.jpg** *Source*: http://de.wikipedia.org/w/index.php?title=Datei:ParlamentoEuropeo_2004_BE02.jpg *License*: unknown *Contributors*: Jesús Pizarro Sánchez

**Datei:Départements régions (France) de.svg** *Source*: http://de.wikipedia.org/w/index.php?title=Datei:Départements_régions_(France)_de.svg *License*: unknown *Contributors*: User:J. Schwerdtfeger

**Datei:Administration territoriale française.svg** *Source*: http://de.wikipedia.org/w/index.php?title=Datei:Administration_territoriale_française.svg *License*: unknown *Contributors*: user:ttog

**Datei:hgv netz.jpg** *Source*: http://de.wikipedia.org/w/index.php?title=Datei:Hgv_netz.jpg *License*: unknown *Contributors*: User:Avatar, User:Miaow Miaow, User:Mschlindwein

**Datei:Terminal 1 of CDG Airport.jpg** *Source*: http://de.wikipedia.org/w/index.php?title=Datei:Terminal_1_of_CDG_Airport.jpg *License*: unknown *Contributors*: Dmitry Avdeev

**Datei:Euro accession.svg** *Source*: http://de.wikipedia.org/w/index.php?title=Datei:Euro_accession.svg *License*: unknown *Contributors*: User:Miraceti

**Datei:Nuclear Power Plant Cattenom.jpg** *Source*: http://de.wikipedia.org/w/index.php?title=Datei:Nuclear_Power_Plant_Cattenom.jpg *License*: unknown *Contributors*: User:Stefan Kühn

**Datei:Nuclear power plants map France-de.png** *Source*: http://de.wikipedia.org/w/index.php?title=Datei:Nuclear_power_plants_map_France-de.png *License*: unknown *Contributors*: User:Schwerdtfeger, User:Sting

**Datei:Electricity in France de.svg** *Source*: http://de.wikipedia.org/w/index.php?title=Datei:Electricity_in_France_de.svg *License*: unknown *Contributors*: User:Furfur, User:Theanphibian

**Datei:Paul Bocuse 2007.jpg** *Source*: http://de.wikipedia.org/w/index.php?title=Datei:Paul_Bocuse_2007.jpg *License*: unknown *Contributors*: Alain Elorza

**Datei:Tour Eiffel Wikimedia Commons.jpg** *Source*: http://de.wikipedia.org/w/index.php?title=Datei:Tour_Eiffel_Wikimedia_Commons.jpg *License*: unknown *Contributors*: User:Benh

**Datei:Cinematograph Lumiere advertisment 1895.jpg** *Source*: http://de.wikipedia.org/w/index.php?title=Datei:Cinematograph_Lumiere_advertisment_1895.jpg *License*: unknown *Contributors*: Justass, Kilom691, Serenade

**Datei:Communes france-fr.svg** *Source*: http://de.wikipedia.org/w/index.php?title=Datei:Communes_france-fr.svg *License*: unknown *Contributors*: lofo7

**Datei:Flag of Alsace.svg** *Source*: http://de.wikipedia.org/w/index.php?title=Datei:Flag_of_Alsace.svg *License*: unknown *Contributors*: User:Mysid

**Datei:Blason Région Alsace.svg** *Source*: http://de.wikipedia.org/w/index.php?title=Datei:Blason_Région_Alsace.svg *License*: unknown *Contributors*: -

**Datei:Alsace in France.svg** *Source*: http://de.wikipedia.org/w/index.php?title=Datei:Alsace_in_France.svg *License*: unknown *Contributors*: TUBS

**Datei:Alsace topo.png** *Source*: http://de.wikipedia.org/w/index.php?title=Datei:Alsace_topo.png *License*: unknown *Contributors*: User:Neuceu

**Datei:Ostheim MG 4484.JPG** *Source*: http://de.wikipedia.org/w/index.php?title=Datei:Ostheim_MG_4484.JPG *License*: unknown *Contributors*: Poudou99

**Datei:Traditional Alsatian female headwear, Musée alsacien, Strasbourg-2.jpg** *Source*: http://de.wikipedia.org/w/index.php?title=Datei:Traditional_Alsatian_female_headwear,_Musée_alsacien,_Strasbourg-2.jpg *License*: unknown *Contributors*: User:Joyborg

**Datei:CR2.jpg** *Source*: http://de.wikipedia.org/w/index.php?title=Datei:CR2.jpg *License*: unknown *Contributors*: Mharter

**Datei:Cr-alsace.gif** *Source*: http://de.wikipedia.org/w/index.php?title=Datei:Cr-alsace.gif *License*: unknown *Contributors*: User:Monsieur Fou

**Datei:Strasbourg Communauté.png** *Source*: http://de.wikipedia.org/w/index.php?title=Datei:Strasbourg_Communauté.png *License*: unknown *Contributors*: User:Frombenny, User:Ulamm

**Datei:Dialectes Alsace.PNG** *Source*: http://de.wikipedia.org/w/index.php?title=Datei:Dialectes_Alsace.PNG *License*: unknown *Contributors*: Original uploader was Insensiblement at fr.wikipedia

**Datei:Alemannic-Dialects-Map-German.png** *Source*: http://de.wikipedia.org/w/index.php?title=Datei:Alemannic-Dialects-Map-German.png *License*: unknown *Contributors*: User:Pyrokrat, User:Sémhur, User:Testtube

**Datei:Strasbourg janus.jpg** *Source*: http://de.wikipedia.org/w/index.php?title=Datei:Strasbourg_janus.jpg *License*: unknown *Contributors*: Traroth

**Datei:Colmar Zunftstube der Ackerleute.jpg** *Source*: http://de.wikipedia.org/w/index.php?title=Datei:Colmar_Zunftstube_der_Ackerleute.jpg *License*: unknown *Contributors*: User:Mtz

**Datei:Choucroute-garni.JPG** *Source*: http://de.wikipedia.org/w/index.php?title=Datei:Choucroute-garni.JPG *License*: unknown *Contributors*: User:Sten

**Datei:Baeckeoffe.jpg** *Source*: http://de.wikipedia.org/w/index.php?title=Datei:Baeckeoffe.jpg *License*: unknown *Contributors*: Akinom, Gveret Tered, JPS68, Loveless

**Datei:Flameukeusche 2.jpg** *Source*: http://de.wikipedia.org/w/index.php?title=Datei:Flameukeusche_2.jpg *License*: unknown *Contributors*: User:Rama

**Datei:Sigolsheim VTdJ.JPG** *Source*: http://de.wikipedia.org/w/index.php?title=Datei:Sigolsheim_VTdJ.JPG *License*: unknown *Contributors*: Olivier2, Renardeau, Tomas e, 1 anonymous edits

**Datei:A35 S-35 1.JPG** *Source*: http://de.wikipedia.org/w/index.php?title=Datei:A35_S-35_1.JPG *License*: unknown *Contributors*: User:ODLG

**Datei:Place de l Homme de Fer.jpg** *Source*: http://de.wikipedia.org/w/index.php?title=Datei:Place_de_l_Homme_de_Fer.jpg *License*: unknown *Contributors*: User:Kpalion

**Datei:Karte des Rhein-Rhone Kanals.png** *Source*: http://de.wikipedia.org/w/index.php?title=Datei:Karte_des_Rhein-Rhone_Kanals.png *License*: unknown *Contributors*: Original uploader was Wladyslaw Sojka at de.wikipedia

**Datei:Grossraum Basel.png** *Source*: http://de.wikipedia.org/w/index.php?title=Datei:Grossraum_Basel.png *License*: unknown *Contributors*: User:Lencer

**Datei:Martin Schongauer.JPG** *Source*: http://de.wikipedia.org/w/index.php?title=Datei:Martin_Schongauer.JPG *License*: unknown *Contributors*: User:Bourrichon

**Datei:Blason Bas Rhin.svg** *Source*: http://de.wikipedia.org/w/index.php?title=Datei:Blason_Bas_Rhin.svg *License*: unknown *Contributors*: -

**Datei:Département 67 in France.svg** *Source*: http://de.wikipedia.org/w/index.php?title=Datei:Département_67_in_France.svg *License*: unknown *Contributors*: TUBS

**Datei:Els-bas.png** *Source*: http://de.wikipedia.org/w/index.php?title=Datei:Els-bas.png *License*: unknown *Contributors*: Benutzer:Jeanfrance

**Bild:Els-bas-sa.png** *Source*: http://de.wikipedia.org/w/index.php?title=Datei:Els-bas-sa.png *License*: unknown *Contributors*: Original uploader was Jeanfrance at de.wikipedia

**Datei:Els-bas-sa-dr.png** *Source*: http://de.wikipedia.org/w/index.php?title=Datei:Els-bas-sa-dr.png *License*: unknown *Contributors*: Original uploader was Jeanfrance at de.wikipedia

**Datei:Blason Thal Drulingen France Bas-Rhin.svg** *Source*: http://de.wikipedia.org/w/index.php?title=Datei:Blason_Thal_Drulingen_France_Bas-Rhin.svg *License*: unknown *Contributors*: User:Olves

**Datei:Jd9880sts-abtanken.jpg** *Source*: http://de.wikipedia.org/w/index.php?title=Datei:Jd9880sts-abtanken.jpg *License*: unknown *Contributors*: Hinrich

**Datei:Heu 0036.jpg** *Source*: http://de.wikipedia.org/w/index.php?title=Datei:Heu_0036.jpg *License*: unknown *Contributors*: User:Haraldbischoff

**Datei:Fruchtbarer Halbmond.JPG** *Source*: http://de.wikipedia.org/w/index.php?title=Datei:Fruchtbarer_Halbmond.JPG *License*: unknown *Contributors*: Alexandrin, Denniss, Foroa, Heelgrasper, Mahlum, Maksim, Á

**Datei:Bauernhaus Entlebuch 01.JPG** *Source*: http://de.wikipedia.org/w/index.php?title=Datei:Bauernhaus_Entlebuch_01.JPG *License*: unknown *Contributors*: User:Simonizer

**Datei:Crops Kansas AST 20010624.jpg** *Source*: http://de.wikipedia.org/w/index.php?title=Datei:Crops_Kansas_AST_20010624.jpg *License*: unknown *Contributors*: NASA

**Datei:Erosion.jpg** *Source*: http://de.wikipedia.org/w/index.php?title=Datei:Erosion.jpg *License*: unknown *Contributors*: Dodo, Gap, Vaikoovery, 1 anonymous edits

**Datei:Deutsches Landwirtschaftsmuseum Plieningen 20060730.jpg** *Source*: http://de.wikipedia.org/w/index.php?title=Datei:Deutsches_Landwirtschaftsmuseum_Plieningen_20060730.jpg *License*: unknown *Contributors*: Johannes Fasolt

**Datei:obstkorb.jpg** *Source*: http://de.wikipedia.org/w/index.php?title=Datei:Obstkorb.jpg *License*: unknown *Contributors*: Factumquintus, Jonkerz, MPF, Maksim

**Datei:Fruit Stall in Barcelona Market.jpg** *Source*: http://de.wikipedia.org/w/index.php?title=Datei:Fruit_Stall_in_Barcelona_Market.jpg *License*: unknown *Contributors*: By .

**Datei:Obst001.jpg** *Source*: http://de.wikipedia.org/w/index.php?title=Datei:Obst001.jpg *License*: unknown *Contributors*: Gérard Lorenz

**Datei:Obst-supermarkt.jpg** *Source*: http://de.wikipedia.org/w/index.php?title=Datei:Obst-supermarkt.jpg *License*: unknown *Contributors*: User:Marcela

**Datei:Blason Adamswiller 67.svg** *Source*: http://de.wikipedia.org/w/index.php?title=Datei:Blason_Adamswiller_67.svg *License*: unknown *Contributors*: User:SanchoPanzaXXI, SPXXI, User:SanchoPanzaXXI

**Datei:Adamswiller-aerien.jpg** *Source*: http://de.wikipedia.org/w/index.php?title=Datei:Adamswiller-aerien.jpg *License*: unknown *Contributors*: User:Tbobsinclair

**Datei:Blason Asswiller 67.svg** *Source*: http://de.wikipedia.org/w/index.php?title=Datei:Blason_Asswiller_67.svg *License*: unknown *Contributors*: User:SanchoPanzaXXI

**Datei:Blason Baerendort 67.jpg** *Source*: http://de.wikipedia.org/w/index.php?title=Datei:Blason_Baerendort_67.jpg *License*: unknown *Contributors*: Ambroix, Inkowik, Rauenstein

**Datei:Blason ville fr Bettwiller Bas-Rhin.svg** *Source*: http://de.wikipedia.org/w/index.php?title=Datei:Blason_ville_fr_Bettwiller_Bas-Rhin.svg *License*: unknown *Contributors*: User:Tzeentch

**Datei:Blason Burbach 67.jpg** *Source*: http://de.wikipedia.org/w/index.php?title=Datei:Blason_Burbach_67.jpg *License*: unknown *Contributors*: Ambroix, DerHexer, Rauenstein

MIX
Papier aus verantwortungsvollen Quellen
Paper from responsible sources
FSC
www.fsc.org
FSC® C105338

Printed by Books on Demand GmbH, Norderstedt / Germany